K-FOOD 2

51 道經典・回味・創新的韓式料理

Mrs. Horse 文・攝

代序

한식은 많은 특징이 있습니다. 김치와 같은 발효음식, 고추를 사용한 매운 음식, 고기와 채소를 같이 싸서 먹기도 하고 비빔밥처럼 밥과 서로 다른 음식들을 섞거나 비비기도 합니다.

한국 식당에 가신 분들은 아시겠지만 한 끼 식사를 위해 여러가지 반찬들과 국이 같이 나옵니다.

이 또한 중국이나 서양 음식과는 다른 특징입니다.

또한 유구한 역사를 가지고 발전해 온 한국 음식은 시대가 지나면서 그 시대, 세대에 맞게 계속해서 변화해 왔습니다. 그래서 우리는 요즘 흔히들 "Fusion 한식 "이라는 말도 종종 사용합니다.

저도 요즘 홍콩에서 이러한 'Fusion 한식 '을 즐기는 홍콩 사람들을 쉽게 볼 수 있습니다.

뉴욕의 어떤 음식평론가는 한국 음식을 두고 "이렇게 훌륭한 음식이 잘 알려지지 않은 것은 불가사의하다."고 했습니다.

이렇게 훌륭한 한국 음식을 더 쉽게, 더 맛나게 집에서 조리하는 방법을 알리고자 아내가 두 번째 책을 출간하게 되었습니다.

처음 아내가 한국 요리 책을 출간했을때 두서 없이 멋자 적었던게 엊그제 같은데 벌써 3 년 정도의 시간이 흘렀네요. 시간은 흘렀지만 아내의 한국 음식에 대한 사랑과 열정은 변하지 않고 더 깊어진 것 같습니다.

이제는 아내도 한국어를 많은 어려움 없이 할 수 있어 한국 음식에 들어 가는 고유의 재료와 의미 등에 이전보다 폭 넓은 이해를 가지고 조리를 하여 그 음식 본연의 맛을 더욱 더 느끼게 해 주는 것 같습니다.

저를 내조하느라 많이 힘든 시간 속에서도 아내가 요리에 대해 열정을 가지고 노력한 결과가 이렇게 또 한권의 책으로 나온다고
하니 아내에게 대견스럽고 존경한다는 말을 하고 싶습니다.
아울러 늘 사랑한다는 말도 함께 ...

韓國料理有很多特色，如泡菜這類發酵食物；用辣椒做出辛辣的菜式；以蔬菜包著肉類食用；又或者像拌飯一樣，以米飯拌入其他涼菜。如果你曾到過韓國餐廳，你會發現一頓飯會附上各種配菜和湯品。這也是跟中菜和西餐不同之處。

此外，隨著時間的流逝，隨著時代的不斷變化，具有永恆歷史的韓國菜也在不斷變化，所以在韓國常常會用到「fusion 韓食」這詞語。同時我也經常遇到不少喜愛「fusion 韓食」的香港人。

紐約一些食評家對於韓菜有這樣的評語：「不知道這樣優秀的菜式是不可思議的。」

在我太太出版的第二本食譜書裡，她告訴大家如何在家裡簡易地烹調美味的韓國食物。

距離我太太第一次出版韓菜食譜書已經 3 年了。時間過去，但我太太對韓國菜的愛與熱情並沒有改變，還似乎更深。現在我太太做韓菜是毫不費力。她對韓菜烹飪具有廣泛的理解，而且我覺得她有讓食物愈來愈美味的能力。

最令我尊敬的是無論有多困難，她仍然保持對烹飪的一股熱衷和堅持，把不斷努力的成果結集成食譜書。

另外要說的當然就是我對她的愛吧！

Mr. Horse 馬仔

代序

上次馬太出書時，我也有幸為她寫了個序。這幾年間，和馬太還有維維媽因為一同迷上韓劇《太陽的後裔》，由敗家的伴變成好朋友，花痴仁每天團在一起敗家做菜聊八卦，到了今天還是跟著劇中軍人「團結、團結」的喊口號。

這幾年來大家都變老了一點、長胖了一點，不變的是馬太做的韓菜依然是最好吃，她仍然是一位把老公和家裡照顧得井井有條的好妻子。我有位朋友 S 的老公也是韓國人，每次我到馬家吃飯，把一桌韓風餐點的照片放到網上分享，S 的韓國老公都會興奮的問這間韓菜餐廳在哪裡。每次我跟他說是馬太親手為我們做的，他說會幽幽的看著 S 說馬先生這位同鄉真幸福。

我想跟 S 的老公說，你不用再羨慕馬先生了，只要把《K-FOOD 2》和上一本《K-FOOD》買回家，你就可以在家裡吃到美味的韓食，跟馬先生一樣幸福。

至於我呢？當然是繼續甚麼都不做，直接到馬家享用馬太精緻的韓菜啦！

祝新書大賣！

偽主婦 Ki 琪

在網絡世界識到真心朋友，其實不太易，因為大家都可能對對方有所保留。但當你付出真心後，你會發覺是可以遇到的。就像我跟馬馬一樣，由最初的不熟絡，到一起煲韓劇團結起來，吃她的韓式小菜，湊在一起去旅行敗家吃美食，上傳同系列的照片……太多一起的回憶了。

對一個多年的韓劇迷來說，可以跟港人韓妻成為好友是多麼美好的事，有想吃的跟她下單好了，有想蹓躂蹓躂的時候，出來吧！最愛是上馬太的家，就像做回女兒時一樣！回家入門就有一桌已準備好的韓國料理，放下手袋就可以攤平在梳化等開飯，是不是很爽歪歪呢！雖然馬太總叫我「媽」，但我一到馬家就馬上變成女兒一樣，哈哈。馬太的第二本韓菜食譜書當然要好好支持，就是試菜請叫我吧！

祝新書 BB 大賣！讓大家輕鬆在家做韓菜！

維維媽

很喜歡馬太的食譜及她所拍攝的相片，乾淨俐落，美感十足，稱得上是療癒系食譜相集！

看過馬太拍攝的烹飪短片，嘩，傻的嗎？給她勞役兩年多的爐頭，光潔如新，證明她辦事嚴謹，每一個細節也會注意到，能將最好的一面呈現，相信她的食譜書，也是以最佳狀態發行喔～

靚靚韓妻，祝新書大賣，一紙風行！

何師奶

代序

未認識馬太前,也有追蹤她的臉書飲食誌,知道她成為「韓國太太」後做得一手好韓菜。

我們的友誼始於敗家,紅娘是一款美鍋墊。鍋墊順利買到手後,我們仍保持聯絡,談敗家、喝「高茶」,成了高茶腳。

之後更有幸被邀請到馬家作客,親口品嚐之前在食譜書或臉書上用眼睛品評過的韓國美食。食物透過她的熟練了得廚藝和巧思擺盤,以色、香、味高水準之姿態,真實呈現。

喜歡韓菜的你,不容錯過,馬太第二本韓菜食譜書面世了!撒花!祝馬太新書大賣!

Josephine N

終於可以再次灑花灑花!上次灑花原來已經是 2015 年了,等到頸都長,終於等到馬太再出新書,期待又期待。

時間過得真快,跟馬太認識接近 7 年,7 年之癢,幸好還不癢。這位好煮友一直都照顧了我的胃,經常有新煮意,或聚餐時她都會準備一桌盛宴讓朋友們品嚐,幸福滿滿。當中不得不提的是,除了食物味道非常好之外,賣相擺盤也相當吸睛,視覺及味覺均是滿分。

我絕對是一名韓食迷,平時都會在家煮韓餐,馬太上一本著作《K-FOOD》,我也經常跟著做,接近 7 成的食譜我也試做了,全部都很好吃,令我重複又重複地跟著做,家人及朋友們都非常滿意。一直期待馬太再出新書,有更多新點子給大家參考,知道她做事非常認真,所以新食譜書必定會很吸引。

相信此書是非常的實用,且充滿熱誠,亦帶點 fusion 感覺。在此祝馬太新書大賣,為各位韓食迷帶來幸福感與滿足。

芝士

自序

「愛」，就是令料理變得美味的魔法調料！

自結婚後，為了照顧家中自小吃韓菜長大而又挑吃的那顆思鄉脾胃，毅然捲起衫袖走進廚房做韓料理。由最初只是拿起刀也怕切傷手指的菜鳥煮婦，一步一步進化到雖然稱不上是老手，但在失敗和錯誤中領略到一套按部就班的料理流程。

料理不單止是把食材下鍋煮熟的一件簡單事。由開立菜單，到市場採購，食材收納，之後洗切準備，按料理時間分配下鍋，到挑選食器，成品擺盤（當然少不了拍個照），直到最後的清洗鍋盤及清潔爐台，在我而言，這才是料理的全部，但我是非常享受在廚房團團轉帶來的那份療癒感，療癒感愈大，願意待在廚房修煉的推動力就愈大。

料理做得好吃的方法有很多，烹飪這一課一輩子也學習不完。唯獨有愛，料理就會變得好吃，讓人感到溫暖可靠。

時間飛快，跟出版社的美美編輯小姐首次見面商談出版《K-FOOD》合作事宜，原來已過了三個多年頭。在這段日子裡，繼續擔起給思鄉脾胃解愁的「主廚」，把在韓國吃過覺得好吃而馬仔又喜愛吃的在家中的小廚房重新演繹出來，慢慢的集結成另一本小筆記，《K-FOOD 2》就是這樣誕生了。

再次感謝出版社團隊絕對的信任，給我最大創作自由度的編輯小姐，永無怨言當起試菜團隊隊長的馬仔，還有把拍攝完的剩菜吃個清光的家人好友們。

這次更擔起攝影員一枚，沒有高科技新款相機，沒有補光攝影設備，只有堅決心一顆和陪伴我在廚房「出生入死」多年的單反相機一台，把我家的韓菜「家常地」呈現在大家眼前。

最後少不了要多謝仍然喜愛韓菜、喜愛 K-FOOD 的您們，希望《K-FOOD 2》帶來不只是在韓國吃過的味道，更是滲入溫暖的家庭味，來讓我們一同繼續細味韓風吧！

目錄

Chapter 2：湯品

Chapter 3：前菜

Chapter 1
主菜

烤牛排骨肉餅
떡갈비

　　牛排骨肉餅是宮廷中國王愛吃的高檔料理之一。據說這是朝鮮時代末期由宮女流傳下來，當時因為考慮到國王的尊嚴，不方便用手拿著排骨來啃吃，於是把牛排骨拆肉後用刀剁碎做成餅狀，用手搓揉令調味料均勻入味，再包入排骨骨頭，放到木炭上烤令牛排骨肉餅帶有陣陣的木炭薰香。

　　떡갈비直譯就是年糕排骨，但傳統的烤牛排骨肉餅是沒有年糕的啊！原因是古時沒有攪拌機，要用刀把肉剁至細碎，而떡的發音跟剁肉的聲音相近，因而得出此名。

　　「家庭版」可以省略包入排骨骨頭的步驟，「啖啖肉」才吃得痛快嘛！

☼ 材料

牛肋骨	900 克
豐水梨（中型）	¼ 個
蔥粒	2 湯匙
蒜瓣	2 顆
洋蔥	⅛ 個

調味料：

韓國豉油	4 湯匙
粟米糖漿（糖稀）	1 湯匙
糖	1 茶匙
芝麻油	1 茶匙
胡椒粉	¼ 茶匙
蛋液（如肉餅夠濕潤可省略）	2 茶匙

做法

① 牛肋骨洗淨後浸泡清水 1 小時。

② 起出牛肋肉，切去脂肪及有筋部分並剁碎（也可利用碎肉機將肉攪碎）。

③ 洋蔥和豐水梨去皮切粒，連同蒜瓣放入攪拌機攪成蓉。

④ 全部調味料拌入肉碎中，然後加入洋蔥豐水梨蓉和蔥粒，順時針方向攪拌至有黏性，用保鮮膜封好放入雪櫃冷藏 1 小時。

⑤ 肉碎分成均等分量。

⑥ 每一份肉左右來回拋十數下，然後捏成肉餅狀（可墊一張烘焙紙在肉餅下方便移動）。

⑦ 煎鍋預熱油，把牛排骨肉餅兩面稍稍煎至金黃。

⑧ 灑點水蓋上鍋蓋，調小火煎至熟透就可以了。

TIPS

- 想知道肉餅是否熟透，可插一根竹籤到牛排骨肉餅中，流出來的肉汁沒有夾雜血水即代表熟透啦！
- 可以一次過多做幾塊，用保鮮膜包好放到冰箱冷藏，下次想吃時只需解凍煎熟就可以。
- 全羅南道潭陽除了以烤牛排骨肉餅聞名外，也是盛產竹子的地方，有「竹鄉」之稱。到那裡吃烤牛排骨肉餅時附上的不是普通用碗盛著的米飯，而是用竹筒裝著的五穀營養飯。在家做這道烤牛排骨肉餅時，可試做竹筒飯，沒有五穀米的話，以燕麥飯代替也不錯啊！

韓式豬腳
족발

豬腳在韓國要算是國民美食，亦是韓國人夜宵的熱門選擇之一。豬腳滷煮後口感軟嫩沒有一點油膩感，豬皮有著滿滿的骨膠原，吃了令皮膚緊緻有彈性，難怪韓國女孩大多擁有吹彈可破的白滑肌膚。

材料

新鮮豬腳	1 隻

配菜：

生菜	適量
蒜片	適量
青、紅辣椒	適量

燉汁材料：

自製無鹽豬骨湯	1000 毫升

韓國豉油	250 毫升
韓國燒酒	40 毫升
韓國大醬	2 湯匙
梅子汁	40 毫升
粟米糖漿（糖稀）	45 毫升
黑糖	60 克
甘草	3 片
月桂葉	2 片
桂皮	1 小角
八角	1-2 顆
乾辣椒	2-3 條
蘋果（小型）	2 個
奇異果	1 個
大蔥白	2 段
洋蔥	1 個
蒜瓣	8 顆
薑	3 片
黑胡椒粒	1 茶匙
即溶咖啡粉	1 茶匙

🍳 做法

1 豬腳洗淨後浸泡清水約 2 小時，期間換水一次。

2 加入料理酒 2 湯匙和薑 2 片（食譜分量外）到清水中，然後放入豬腳，水滾後汆燙10 分鐘。

3 汆燙完成後把豬腳沖洗乾淨。

4 蘋果去核切成 4 件，奇異果去皮對切，洋蔥去皮對切。

5 全部燉汁材料和豬腳放到大鍋中，煮滾後轉小火燉煮 2 小時。

6 關火後可讓豬腳繼續浸泡在燉汁中 20 分鐘令它更入味。

7 取出放涼，去骨。

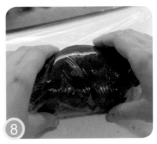

8 將肉捲起，並用保鮮膜包緊。

9 享用前切片上碟，可以生菜、蒜片和青、紅辣椒包著來吃。

TIPS

- 蘸醬可用烤肉包飯醬和蝦仁醬。
- 如沒有無鹽豬骨湯，可以清水代替。
- 即溶咖啡粉可幫助去除豬的肉臊味，還有添色的作用。
- 買豬腳時可拜託肉販代為去除豬皮上的細毛。
- 這道菜最好用新鮮豬腳，若用急凍的鹹豬腳，燉汁材料的分量要調整。
- 剩餘的燉汁隔渣翻熱，放涼後可放到冰箱冷藏留待下次使用。下次再燉豬腳時要再調整味道。

菜包肉
보쌈

菜包肉是韓國傳統美食之一。以清燉方式處理的五花肉口感豐富，也帶出肉的原汁原味，配以生菜、大蒜和辣椒捲起來吃，清爽不油膩。

吃剩的菜包肉可來個韓菜變中菜，加入豆瓣醬、豆乾等材料，炒製成香口下飯的回鍋肉。

材料

帶皮五花腩	1 條
韓國大醬	2 湯匙
黑胡椒粒	1 茶匙
洋蔥	½ 個
料理酒	2 湯匙
大蔥（切段）	2 條
蒜瓣	8 顆
月桂葉	3-4 片

🍲 做法

① 五花腩洗淨後抹上大醬醃漬 2 小時。洋蔥去皮切絲。

② 鍋子鋪上洋蔥絲，放入五花腩，加入黑胡椒粒、蔥段、料理酒、蒜瓣和月桂葉。

③ 倒入清水蓋過五花腩。

④ 蓋上蓋煮滾 5 分鐘後，調至小火續煮 40-50 分鐘。

⑤ 讓五花腩浸泡在高湯裡約 20 分鐘，取出放涼至不燙手，切片（厚或薄），可配以生菜、大蒜和烤肉醬包著吃。

TIPS

- 以一根筷子插入五花腩，如輕易穿入代表熟透。
- 厚切或薄切倒是看個人喜好。厚切肉的口感較實在，同時吃到五花肉那豐富的油脂香；若（如我一樣）怕肥的話，則建議把肉切得薄些。
- 烤肉醬可參考 P.79 自家製或購買市面上有售的烤肉醬（當然自家製的比較對味不會過鹹）。

櫛瓜牛肉煎餅

애호박소고기전

🍲 3人　🕐 20分鐘

我發覺韓國是一個非常愛吃煎餅的國家。新年聚會吃煎餅；祭祀又做煎餅作祭品；下雨天又會聯想到煎餅，好像甚麼食材拿來沾上麵粉和蛋漿煎熟就變成煎餅，種類多到每天做一款也能一個月不重複。

☪ 材料

韓國櫛瓜（翠肉瓜）	1 條
牛絞肉	100 克
甘筍	⅓ 條
鮮冬菇	2-3 隻
洋蔥	¼ 個
雞蛋	1 隻
蛋黃	1 顆

醃料：

韓國豉油	¾ 茶匙
糖	¼ 茶匙
胡椒粉	少許
芝麻油	少許

TIPS

- 韓國出產的櫛瓜，就是我們在市場經常見到的「翠肉瓜」，在大型超市或專賣韓國食材的小店可以找到。
- 蛋漿裡添多一顆蛋黃，煎出來的顏色會更金黃更富蛋香。
- 圓模印出的櫛瓜部分可放入大醬湯或泡菜湯，不要浪費。
- 牛絞肉填入鮮冬菇煎烤則變為冬菇煎餅。

做法

① 櫛瓜切成 5 毫米厚件，灑上少許鹽，靜置 10 分鐘，用廚紙印走水分。

② 甘筍、洋蔥去皮洗淨切小粒，鮮冬菇用棉布抹乾淨後切小粒。

③ 加入醃料和牛絞肉到蔬菜粒中拌勻。

④ 櫛瓜片用圓模將中間部分取出。

⑤ 櫛瓜片兩面沾上生粉。

⑥ 把牛絞肉填入櫛瓜片中空部分，並輕輕壓實。

⑦ 雞蛋和蛋黃打發成蛋液，櫛瓜片兩面均沾上蛋液。

⑧ 煎鍋預熱油，把櫛瓜餅兩面煎至金黃。

馬家一隻雞
닭한마리

韓國有陳玉華一隻雞和孔陵一隻雞，馬家出品的我就儘管稱它為「馬家一隻雞」好了。

外表看似很平凡，起初還不好意思拿來當食譜的一道雞鍋，但經慢火燉煮後湯頭充斥著鮮雞和蒜瓣的香氣，雞肉燉煮得軟嫩，吃剩的雞湯還可以加入米飯做成香噴噴的雞粥呢！

✿ 材料

鮮雞	1 隻
馬鈴薯	1 個
杏鮑菇	2 隻
年糕條	1 小碗
手工麵條	1 份

高湯材料：

清水	3000 毫升
雞殼	2 副
蒜瓣	10 顆
洋蔥	1 個
大蔥（切段）	1 條
料理酒	1 湯匙
黑胡椒粒	1 茶匙

🍲 做法

① 先來製作高湯。雞殼洗淨，洋蔥去皮洗淨切件。全部高湯材料一起放入大鍋，煮滾後調至小火燉煮 2 小時成雞湯。

② 雞殼撈出，鮮雞切去尾部及脂肪，洗淨後整隻放入高湯中，煮滾後以小火煮 20 分鐘，期間要不時將雞湯淋上雞身令熟度均勻。

③ 鮮雞撈出放到一淺鍋，高湯隔去材料和油脂。

④ 馬鈴薯去皮洗淨切件。杏鮑菇用棉布抹乾淨，切片。

⑤ 將高湯倒進淺鍋，加入馬鈴薯、杏鮑菇、年糕條或其他配料，放到卡式爐上滾著吃，也可以放入麵條做成雞湯麵。

💡 TIPS

- 剩菜變身：把吃剩的雞拆肉，加入米飯和雞湯，拌入打勻的蛋液，再灑點紫菜絲、蔥粒和芝麻油，就可當成第二天營養滿滿的午餐囉！
- 想蘸醬來品嚐雞肉的話，愛吃辣的可把辣椒醬拌入少許雞湯，混合蘋果醋、蒜蓉和黃芥末；不吃辣的更簡單，可參考 P.79「烤肉蘸醬三劍俠」，弄個醋醬來拌著吃。

醬油蝦
새우장

有偷飯賊之稱的「醬油蟹」真的令人又愛又恨，愛的是牠鮮甜味美的肉質和豐厚濃郁的蟹膏，恨的是牠那堅硬的蟹殼，拆殼挑肉真的花功夫啊！

韓國用調味醬油醃製的豈止醬油蟹，醬油蝦也是受韓國人歡迎的醬醃美食。經醃製過的蝦肉仍結實彈牙，跟軟糯的蟹肉口感截然不同。

材料

新鮮海蝦	24 隻（約 1 斤）
韓國燒酒	1 支
檸檬（切片）	½ 個
青、紅辣椒（切片）	各 ½ 隻

醃漬醬油材料：

蘋果（去核）	1 個
洋蔥（去皮）	½ 個
蒜瓣	5 顆
薑	2 片
蔥白	2 段
韓國豉油	60 毫升
韓國湯用豉油	80 毫升
清水	350 毫升
粟米糖漿（糖稀）	4 湯匙
梅子汁	60 毫升
韓國燒酒	40 毫升
黑胡椒粒	1 茶匙
甘草	2 片
去核紅棗	5 顆

做法

① 新鮮海蝦用廚房剪刀去掉頭上的尖角，去腸洗淨。

② 加入燒酒浸泡 20 分鐘去除腥味。

③ 把醃漬醬油材料放到鍋中煮 20-30 分鐘。

④ 濾出醬汁並放涼。

⑤ 蝦放入密實盒，放上檸檬片和青、紅辣椒片，倒入醬汁，蓋好蓋放到雪櫃保存。

⑥ 在醃漬的頭 3 日每天把醬汁倒出翻滾一次，隔去浮面的泡沫，放涼後倒回密實盒，再醃漬 3 日便可食用。

TIPS

• 醬油蝦最好選用新鮮活海蝦，冰鮮的不宜選用，最好用草蝦、斑節蝦或花竹蝦。
• 這食譜亦可用作醃製醬油蟹，但要小心選擇蟹種和來源地，宜選梭子蟹（白蟹）。

2人　2小時

辣燉牛肋骨
매운갈비찜

《K-FOOD》為大家介紹過大人小孩都愛吃的燉牛肋骨，我家馬仔是「無辣不歡」一族，於是就有了這個「大人版」的辣燉牛肋骨。加入火紅的辣椒醬和辣椒粉燉煮，白蘿蔔改為較飽肚的馬鈴薯，還可以加入粉絲、年糕堆成一大鍋放在爐上滾著吃，不要忘記來一杯燒酒，「咔」……痛快！

材料

牛肋骨	600 克
馬鈴薯	1 個
甘筍	1 條
大蔥（切段）	2 條
黑胡椒粒	½ 茶匙
料理酒	1 湯匙
松子仁	適量

辣醬汁材料：

豐水梨	¼ 個
洋蔥	¼ 個
蒜瓣	2 顆
薑	1 片
粟米糖漿（糖稀）	2 湯匙
梅子汁或糖	¾ 湯匙
蠔油	1 茶匙
韓國豉油	3-4 湯匙
韓國辣椒醬	1 茶匙
韓國辣椒粉（怕太辣可省略）	2 ½ 湯匙

昆布鯷魚乾高湯材料：

昆布（5×5 厘米）	4-5 片
鯷魚乾	8 條
清水	400 毫升

做法

1. 牛肋骨洗淨，浸泡清水 1 小時去除表面血水和污物。

2. 牛肋骨、蔥段、料理酒、黑胡椒粒和適量冷水一同入鍋，煮滾後調至小火汆燙 10 分鐘。

3. 牛肋骨取出並沖洗乾淨，瀝水備用。

4. 豐水梨去皮去核，切粒。洋蔥、蒜瓣、薑片去皮洗淨，切粒。上述蔬果粒一同放到攪拌機攪成糊狀。

5. 用篩網隔出蔬果的汁液。

6. 蔬果汁液和其餘辣醬汁材料拌勻。

7. 拌入牛肋骨醃 1 小時。

8. 鯷魚乾去頭去內臟，昆布用濕棉布輕抹一下，然後加入清水煮成高湯備用。

9. 鑄鐵鍋或燉鍋放入牛肋骨和高湯，煮滾後調至小火先燉煮 30 分鐘。

⑩ 燉煮期間可預備配料，馬鈴薯和甘筍去皮洗淨，切成圓球狀。

⑪ 馬鈴薯先下油鍋煎封一下，以保持形狀，避免燉煮至軟爛。

⑫ 最後把馬鈴薯和甘筍放入鍋中燉煮 30 分鐘，關火焗 30 分鐘。可灑上松子仁裝飾。

TiPS

- 不吃牛的可改用豬肋骨或雞腿烹煮。
- 不愛哨骨的可轉用「啖啖肉」的牛肋條。
- 肉類在料理前要經過汆燙的步驟，去除污物、血水和肉腥味。食材要和冷水一同進鍋，若水滾後才放肉，肉瞬間受熱，表面蛋白質凝固收縮，血水污物難以往外排出。
- 如果有時間可在前一日先燉煮好，經過一夜的浸潤，牛肋骨會更入味好吃。

辣烤豬肋排
매운등갈비구이

我們一家喜愛到郊外享受燒烤樂，每次準備的食物當中一定會有這道辣烤豬肋排。預先醃漬好的豬肋排，不論用家中焗爐烤焗，或是帶到野外用炭火燻烤都同樣好吃得吮手指。

✿ 材料

豬肋排	1 條（約 500 克）
蜜糖	適量

醃醬材料：

韓國辣椒醬	3 湯匙
韓國辣椒粉	1-2 茶匙
料理酒	2 湯匙
芝麻油	2 茶匙
胡椒粉	⅛ 茶匙
黑糖	3 茶匙
蘋果	½ 個
蒜瓣	2-3 顆
乾蔥	2 顆
薑	1-2 片

TIPS

• 芝士控可以加入溶芝士，例如莫薩里拉芝士（Mozzarella cheese），做成美味無比的拉絲芝士豬肋排。

做法

1. 豬肋排洗淨，浸泡清水 1 小時去除血水及污物。

2. 豬肋排用廚紙吸乾水分後，撕去背面的膜。

3. 在骨與骨之間用刀輕輕剝開。

4. 蘋果去皮去核，蒜瓣、乾蔥和薑去皮，全部放入攪拌機攪成果蓉。

5. 拌入其餘醃醬材料。

6. 醃醬倒入豬肋排，放到雪櫃醃漬 1-2 天。

7. 焗爐預熱 150 度。豬肋排從雪櫃取出放回室溫，烤盤鋪上錫紙，放上豬肋排和少許醃料，蓋上錫紙以低溫慢烤 1 小時。

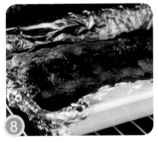
8. 時間到拿走表面錫紙，爐溫調高至 230 度，烤至表面微焦。

9. 塗上蜜糖再烤 5 分鐘即可。

辣炒魷魚
오징어볶음

很多韓國的上班族下班後總愛和三五知己喝燒酒解去一天下來的工作疲勞。喝酒怎能沒有下酒菜呢？這道火紅的辣炒魷魚，嗜辣朋友一定不可錯過，不單止可當下酒菜，作為下飯菜也很合適。

☆材料

魷魚	2 隻（約 800 克）
甘筍	¼ 條
洋蔥	½ 個
椰菜	½ 個
白芝麻	適量
青、紅辣椒片	適量

辣醬汁材料：

韓國辣椒醬	2 ½ 湯匙
韓國辣椒粉	½ 湯匙
韓國豉油	1 ½ 湯匙
蒜蓉	½ 湯匙
料理酒	1 湯匙
粟米糖漿（糖稀）	1 湯匙
梅子汁	½ 湯匙
芝麻油	½ 湯匙
胡椒粉	⅛ 湯匙

做法

① 魷魚去衣去軟骨，洗淨瀝乾水分後剶花。

② 魷魚切塊。甘筍和洋蔥去皮洗淨，切絲。椰菜洗淨，切成塊狀。

③ 取一小鍋煮滾水，放入魷魚後立即關火。隔水備用。

④ 辣醬汁材料拌勻。

⑤ 把一半醬汁拌入魷魚塊醃30分鐘。

⑥ 炒鍋預熱油，先放入蔬菜快炒。

⑦ 之後放入魷魚塊和餘下醬料拌勻快炒至魷魚熟透。

⑧ 最後放入辣椒片和白芝麻炒勻即可。

TIPS

- 可以加入薄片五花肉令整道菜風味倍增。
- 辣椒粉可按個人口味加減或直接省略。

韓風醬烤鰻魚
장어구이

韓式烤肉即時會令人想起油脂豐腴的五花肉，又或者雪花均勻肉味濃郁都的韓牛。吃膩了烤肉不妨試試烤鰻魚，韓國人更認為這是滋補養生的好物，對於男士更有壯陽的功效呢！

材料

白鱔	½ 條
韓國燒酒（白鱔去腥用）	3 湯匙

烤汁材料：

白鱔骨	½ 條
韓國豉油	5 湯匙
粟米糖漿（糖稀）	4 湯匙
味醂	3 湯匙
大蔥（切段）	½ 條
洋蔥（去皮）	½ 個
薑	2-3 片
清水	300 毫升

做法

① 先製作烤汁。白鱔骨洗淨用廚紙印乾水分。

② 煎鍋預熱油，放入薑片（食譜分量外）爆香，再放入白鱔骨煎至兩面金黃。

③ 白鱔骨取出，放到廚紙上吸去多餘油分。

④ 小鍋放入白鱔骨和其餘烤汁材料，煮滾後調至中小火，煮至烤汁濃縮至 200 毫升左右。

⑤ 烤汁過篩去除油分。

⑥ 魚肉的一面用刀輕剐數刀。

⑦ 用竹籤把白鱔兩端串起，倒入韓國燒酒去除魚腥。

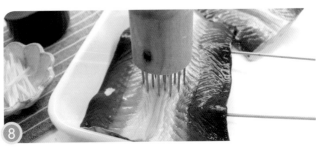

⑧ 魚皮用鬆肉針刺出多個小孔。

⑨ 把一半烤汁倒入白鱔中醃 2-3 小時。

⑩ 焗爐預熱 250 度,放入白鱔 串,每面烤 5 - 8 分鐘(視乎 白鱔大小而定)。

⑪ 白鱔取出後倒去滲出的魚 水,切成一口大小,放到烤 盤上重複塗上烤汁烤至金黃 入味。

TIPS

- 可配以生菜、紫蘇葉、嫩薑絲同吃,以平 衡鰻魚的油膩。
- 魚皮刺孔能讓烤汁更容易滲入魚肉。
- 購買白鱔時可拜託魚販代為處理去潺和起 骨的工序。
- 白鱔肉清洗時可用少許鹽輕搓魚身,以去 除潺滑感。

韓式炸雞
후라이드치킨

「下初雪的時候，怎麼可以沒有炸雞跟啤酒？」這句經典的韓劇對白，捧紅了炸雞和啤酒這配搭，成為「國民套餐」，令全球的炸雞店火速爆紅起來。其實炸雞是韓國特有的飲食文化，任何時候，只要打個電話或動動指頭滑手機，一份現炸的炸雞和冰凍的啤酒快速配送。但身在香港沒有配送炸雞的服務，如突然想吃炸雞的話，在家也不難做出正宗的風味。雖然沒有初雪，也不像韓劇的浪漫，但有別樣的愜意。

材料

雞翼和雞鎚	各 10 隻
牛奶	200 毫升
月桂葉	2-3 片
花生碎	適量
雞蛋	2 隻

醃料：

鹽	½ 湯匙
料理酒	1 湯匙

胡椒粉	¼ 茶匙
芝麻油	½ 茶匙

香辣醬汁材料：

茄汁	3 湯匙
韓國辣椒粉	2 茶匙
韓國辣椒醬	2 湯匙
粟米糖漿（糖稀）	2 湯匙
蒜蓉	1 茶匙
洋蔥蓉	1 茶匙

炸粉材料：

中筋麵粉	100 克
生粉	30 克
煙燻紅椒粉	½ 茶匙
蒜粉	1 茶匙
鹽	¼ 茶匙

🍲 做法

① 雞翼和雞鎚洗淨後放到大碗裡，放入月桂葉，倒入牛奶浸泡 20 分鐘，瀝乾備用。

② 雞件放入醃料醃 1-2 小時。（如有時間醃一夜會更好）。

③ 炸粉材料拌勻，分成兩盤；另一盤子則放入已打勻的蛋液。雞件先沾上薄薄一層炸粉，再沾上蛋液，最後再沾上一層炸粉，靜置 10 分鐘。

④ 預熱油鍋，放入雞件先炸 3 分鐘，瀝油。

⑤ 把油的溫度調高，雞件回鍋多炸 3 分鐘。香辣醬料拌勻後放到小鍋煮至濃稠，關火。可放入炸雞拌勻，又或者用小碟分開盛裝，最後灑上花生碎。

TIPS

- 雞件浸泡牛奶可幫助去除雪味和令雞肉更嫩滑。
- 售賣韓國食材的小店會有現成的炸雞脆粉，省卻調製炸粉的步驟。

【同場加映】

醃漬白蘿蔔

在韓國吃炸雞時，總會有一碟醃漬白蘿蔔一起送上，爽脆帶酸味的蘿蔔
粒能減去炸雞的油膩感，令人不知不覺又多吃幾件炸雞啊！

✪ 材料

白蘿蔔	300 克

醃汁材料：

飲用水	150 毫升
蘋果醋	65 毫升
糖	75 克
鹽	¾ 茶匙

🍲 做法

① 白蘿蔔去皮洗淨，切成骰子般大小。

② 醃汁材料放到小鍋煮至微滾，關火，待涼。

③ 把白蘿蔔粒放到已消毒的密實瓶中，倒入已放涼的醃汁。

④ 蓋上瓶蓋，放到雪櫃醃 1-2 天即可。

芝士春川炒辣雞
치즈춘천닭갈비

先把雞腿醃得入味，接下來和蔬菜一起下鍋炒熟。一大鍋有肉有菜，吃完鍋裡的料，把米飯掉進去做成炒飯，米飯吸盡鍋中湯汁，春川炒辣雞就是能一鍋搞定，方便美味。

材料

材料	份量
雞腿肉	1 大塊（約 400 克）
年糕條	10 條
椰菜	¼ 個
甘筍	¼ 條
甜番薯	2 個
紫蘇葉（切絲）	3 片
莫薩里拉芝士（Mozzarella cheese）	適量

雞腿肉醃料：

材料	份量
鹽	½ 茶匙
胡椒粉	¼ 茶匙
料理酒	½ 湯匙
芝麻油	½ 茶匙

辣醬汁材料：

材料	份量
韓國辣椒醬	4 湯匙
韓國豉油	2 ½ 湯匙
韓國辣椒粉	2 茶匙
咖喱粉	½ 茶匙
粟米糖漿（糖稀）或糖	2 湯匙
洋蔥蓉	1 湯匙
蒜蓉	1 湯匙
薑蓉	1 茶匙
料理酒	2 湯匙

～ 做法

① 雞腿肉洗淨，用廚紙吸乾水分，切成略大於一口尺寸的塊狀，加入醃料醃 30 分鐘。辣醬汁材料拌勻備用。

② 把雞腿肉放入一個大碗中，放入一半辣醬汁抓拌均勻。靜置醃 2-3 小時，期間將椰菜、甘筍和甜番薯去皮洗淨，切塊；年糕以清水浸泡。

③ 炒鍋倒入適量油，放入雞腿肉炒至 6 成熟。

④ 加入蔬菜、年糕和餘下的辣醬汁炒至雞腿肉全熟。

⑤ 最後灑上適量芝士，整鍋放入焗爐烤至芝士表面金黃會更好吃，上桌前放上紫蘇葉絲。

TiPS

• 雞腿如果能事先準備，放在雪櫃中醃漬一夜會更加入味。

韓式辣海鮮湯麵
짬뽕

🍲 2人　🕐 1小時

這道辣海鮮湯麵和糖醋肉，以及《K-FOOD》中介紹過的炸醬麵可謂韓式
中華料理「鐵三角」。不太會吃辣的點炸醬麵，嗜辣的點辣海鮮湯麵，再點
一盤糖醋肉分著吃，很滋味的啊！

✪ 材料

手工麵條	2 人份
藍青口	10 隻
魷魚（中型）	1 隻
鮮蝦	6 隻
豬肉	70 克
青江菜（小棠菜）	6 小棵
椰菜	½ 個
洋蔥	½ 個
蔥白（切粒）	3 湯匙

湯頭調味：

辣椒油	2 湯匙
韓國辣椒粉	2 湯匙
蠔油	1 湯匙
魚露	2-3 湯匙
蒜蓉	1 湯匙
薑蓉	1 茶匙
胡椒粉	少許
料理酒	適量
昆布鰻魚乾高湯	800 毫升

TIPS

- 藍青口應在流水下沖洗，刷去殼上
  的污泥，拔去咬著的海草及棄掉已
  壞的。
- 食譜中所用的辣椒油可用中菜常用的
  辣椒油，但要隔走辣椒籽（如有）。

🍳 做法

① 豬肉切絲，椰菜洗淨切絲，洋蔥去皮洗淨切幼絲。豬肉以少許鹽和胡椒粉略醃。藍青口刷洗乾淨。魷魚去衣去軟骨，洗淨切塊。蝦去腸洗淨備用。青江菜洗淨備用。

② 炒鍋預熱油，放入蔥白粒炒香做成蔥油。

③ 放入蒜蓉和薑蓉炒香。

④ 加入豬肉絲、椰菜絲和洋蔥絲快炒，沿鍋邊灑點料理酒。

⑤ 放入辣椒油和辣椒粉炒勻。

⑥ 倒入昆布鰛魚乾高湯煮滾。

⑦ 放入海鮮和青江菜，最後以胡椒粉、蠔油和魚露調味。

⑧ 手工麵條放入滾水汆燙至熟後裝碗。

⑨ 倒入湯汁，放上海鮮和青江菜即成。

韓式雞蛋蒸
계란찜

廣東家常菜有「蒸水蛋」，日本家常菜有「茶碗蒸」，兩者講求的是火喉和水分的控制，掌握得宜就能做出滑溜無瑕的嫩蛋。

韓國也有蒸雞蛋這道料理，但做法不是隔水蒸而是以慢火把蛋液煮熟，期間要翻拌蛋液使其受熱均勻，做成好像雲朵一樣，口感更是軟嫩無比。

材料

雞蛋	3 隻
甘筍粒	1 湯匙
蔥粒	½ 湯匙
鹽	½ 茶匙
糖	¼ 茶匙
味醂	½ 茶匙
芝麻油	¼ 茶匙

高湯材料：

昆布（5×5 厘米）	1 塊
鰹魚乾	3 條
清水	200 毫升

🍳 做法

1 先製作高湯。鰮魚乾去頭去內臟，昆布用濕棉布輕抹一下，然後連同清水放入小石鍋煮 5 分鐘，昆布夾起續煮 10 分鐘，高湯過濾一下。

2 雞蛋加入鹽、糖、味醂和芝麻油打勻並過篩一次。

3 蛋液混入高湯後倒入小石鍋內，以中小火慢慢把蛋液煮開，期間要用小匙不斷攪拌，把近石鍋底開始凝固的蛋液翻上來。

4 一直煮蛋液至約 8 成凝固。

5 倒放一隻碗在石鍋上，調至小火煮 2 分鐘，蛋液會鼓脹起來！

6 最後灑上甘筍粒、蔥粒和芝麻油。

TIPS

• 重點要用石鍋這類存熱的器具，上桌後仍能保持熱騰騰脹鼓鼓的雞蛋蒸。

紅豆粥
단팥죽

🍲 4 人　🕐 45 分鐘
（不包括浸泡紅豆時間）

來個韓食說故事吧！

由於韓國人也是看陰曆的曆法，所以和我們一樣有多至這節日。

他們的多至是吃加入渾圓的糯米丸子的紅豆粥。古時的韓國人相信多至日會有大量的牛鬼蛇神出沒，因此當日會在屋的四周放紅豆驅趕惡鬼，並吃紅豆粥來辟邪。

✪ 材料

紅豆	300 克
松子仁	少許
肉桂粉	少許
南瓜籽	少許
紅棗片	1-2 片
糖	6 湯匙
鹽	½ 茶匙

糯米丸子材料：

糯米粉	3 湯匙
清水	2 湯匙
糖	½ 茶匙

🍲 做法

① 紅豆浸泡清水 1 天。

② 鍋中放入已浸泡的紅豆和適量清水，煮至紅豆軟爛。

③ 以手提攪拌器或倒入攪拌機打成糊狀（如有需要可加適量清水，喜愛順滑口感可過篩一次）。

④ 紅豆粥回鍋，煮滾後以糖和鹽調味。

⑤ 糯米粉加入清水和糖搓成糯米粉團，再搓成小顆糯米丸子。

⑥ 小鍋中加入清水煮滾，放入糯米丸子煮熟後，隨即放入冰水浸泡以保持煙韌口感，最後放入紅豆粥一同煮滾即可。

TIPS

• 食用時灑上少許肉桂粉、松子仁、南瓜籽和放上紅棗片，令味道更豐富。

2人　　　1小時
（不包括浸泡黃豆時間）

豆漿涼麵
콩국수

豆漿涼麵是把已浸泡的黃豆煮好並去皮，細磨做成豆漿後放入麵條的食品。黃豆營養豐富，變身成豆漿配細滑的素麵，口感清爽。除了大多數人認識的水冷麵外，一口豆漿涼麵一口泡菜也是韓國人夏季消除疲憊的方法之一啊！

✿ 材料

黃豆	100 克
松子仁	10 克
白芝麻	2 湯匙
飲用水	500 毫升
鹽	½ 茶匙
素麵	2 人份
小青瓜	⅓ 條
櫻桃茄	1-2 顆
黑芝麻	適量

TIPS

- 以豆腐代替黃豆便成懶煮婦特快製作豆漿方法。
- 隔出的黃豆渣不要棄掉，可以加入各種蔬菜、雞蛋和麵粉做成煎餅。
- 黃豆渣亦可以作為天然面膜，有美白補濕功效，煮婦也要美啊！

🍲 做法

1 黃豆清洗後用清水浸泡 6 小時。

2 小鍋注入適量清水,放入黃豆以大火煮滾後,調至小火煮 10 分鐘,隔水備用。

3 用手輕揉黃豆去除豆衣。

4 松子仁和白芝麻分別放到煎鍋微微烘香。

5 黃豆、松子仁、白芝麻和飲用水放到攪拌機攪拌成豆漿。

6 以篩網隔去黃豆渣,拌入鹽,放入雪櫃冷凍。

7 櫻桃茄洗淨切半,青瓜洗淨切幼絲。

8 素麵放入滾水汆燙 4-5 分鐘至熟,取出以冷水沖洗,瀝水。

9 把素麵放到碗中,加入青瓜絲和櫻桃茄,倒入豆漿,最後灑上黑芝麻。

韓式糖醋肉
탕수육

🍲 2人　🕐 1 小時

糖醋肉是一道韓國的中華料理，味道跟廣東菜的咕嚕肉差不多。炸得酥脆的豬柳條蘸上酸酸甜甜的糖醋汁，再弄一碗烏黑醬汁的炸醬麵，不用到韓國也可以把家中變身小小的中華餐館。

🔅 材料

豬柳	300 克

醃料：

鹽	½ 茶匙
胡椒粉	¼ 茶匙
料理酒	½ 湯匙
芝麻油	少許

炸漿：

生粉	6 湯匙
清水	6 湯匙

糖醋汁材料：

菠蘿	2 片
紫洋蔥	¼ 個
黑木耳	3 朵
甘筍	¼ 條
韓國豉油	1 湯匙
蠔油	1 茶匙
蘋果醋	3 ½ 湯匙
糖	4 湯匙
清水	150 毫升

TIPS

• 素食者可以多菇或杏鮑菇代替豬柳，變成健康版的糖醋菇。

做法

① 豬柳切粗條，拌入醃料醃30分鐘。

② 生粉拌入清水，靜待30分鐘把面層的水略倒掉，用力把粉漿挖鬆成稠身的炸漿。

③ 炸漿和豬柳條拌勻。

④ 放入170度熱油炸2分鐘，輕輕炸成微金黃就好。盛起隔油。

⑤ 把油加熱至190度，再把豬柳條炸成金黃色。

⑥ 糖醋汁的調味料拌勻備用。洋蔥去皮洗淨切小塊。黑木耳洗淨泡發，撕成小塊。甘筍去皮洗淨切片。菠蘿切粒。

⑦ 炒一下洋蔥、甘筍和黑木耳，倒入糖醋汁煮滾，以生粉水勾芡。

⑧ 關火才放入菠蘿粒拌勻。

⑨ 最後把糖醋汁淋在豬柳條上。

九折板
구절판

「韓定食」是韓國傳統宮廷御膳的改良版，九折板就是韓定食別具特色的前菜之一。「九折板」是盛菜容器的名稱，盤子上盛放有八款細切成絲的小菜，中間放上薄餅皮，捲包小菜食用。色彩繽紛的九折板也是根據五行五色五味而搭配，加上植物性食材比動物性食材為多，是一道清爽的養生料理。

✪ 材料

薄餅皮材料：

中筋麵粉	1 杯（約 130 克）
清水	1 ¼ 杯（約 300-320 毫升）
鹽	¼ 茶匙

八小菜材料：

牛肉	100 克
鮮蝦	8-10 隻
甘筍	⅓ 條
韓國櫛瓜（翠肉瓜）	½ 條
紅燈籠椒	½ 隻
鮮冬菇	5-6 隻
雞蛋	2 隻

牛肉醃料：

韓國豉油	¼ 茶匙
糖	⅛ 茶匙
芝麻油	1 茶匙
生粉	¼ 茶匙

蘸醬：

黃芥末	2 茶匙
芝麻碎	1 茶匙
飲用水	2 茶匙
韓國豉油	½ 茶匙
糖	½ 茶匙

~~~ 做法

① 鮮蝦去殼去腸，洗淨。

② 放入滾水中氽燙至熟，之後泡冰水令蝦肉保持爽口。

③ 雞蛋小心分開蛋白和蛋黃。

④ 平底鍋上抹上薄薄一層油，分別把蛋黃和蛋白煎成蛋皮。

⑤ 黃、白蛋皮待涼後切成幼絲。

⑥ 牛肉切成幼絲。

⑦ 其他蔬菜洗淨後切成幼絲。鮮冬菇用棉布抹乾淨後切片。牛肉加入醃料拌勻。

⑧ 分別炒香蔬菜和鮮冬菇，各以少許鹽調味。

⑨ 牛肉絲下鍋炒熟。

⑩ 麵粉加入清水和鹽，然後充分拌勻。

⑪ 過篩隔去粗粉粒。

⑫ 把 1 湯匙麵糊倒入平底煎鍋成餅皮狀，當薄餅皮變成透明即表示熟透，盛起待涼。把薄餅皮放在大碟正中，圍邊放上八款食材，再調好蘸醬便完成。

TIPS

• 八款配菜可根據個人喜好或季節時令蔬菜而改變。
• 吃素的朋友可用其他蔬菜代替食譜中的肉類。

鮑魚營養石鍋飯
전복영양돌솥밥

　　馬仔經常出差，他怕我一個人在家胡亂吃，出門前必定會叮囑我要好好
食飯。弄個兩菜一湯有點費周章，石鍋飯倒是很適合一人的飯桌。材料預備
妥當，放到鍋裡跟米飯一同燜熟，食材的鮮味一滴不漏全滲進米飯裡。每逢
看到市場有新鮮肥美的鮑魚，而剛好那天又是一人飯桌時，鮑魚石鍋飯便成
為我的不二之選。簡單不花俏但營養滿滿的鮑魚石鍋飯，配一兩碟韓式小菜，
一個人也能好好吃飯啊！

✿ 材料

白米	1 ½ 杯
鮮鮑魚	6 隻
鮮冬菇	3 隻
甘筍粒	½ 湯匙
蒜蓉	½ 湯匙
蔥粒	適量

高湯材料：

清水	330 毫升
鮑魚殼	6 隻
昆布（5×5 厘米）	1 片
鮮冬菇蒂	3 顆

醬汁材料：

韓國豉油	3 湯匙
飲用水	1 湯匙
芝麻油	1 茶匙
辣椒粉	1 茶匙
紅椒粒	½ 湯匙
蔥粒	½ 湯匙
蒜蓉	1 茶匙
白芝麻	½ 茶匙

﷯ 做法

1. 先把白米清洗乾淨。

2. 白米洗淨後，靜置 15 分鐘讓米吸收水分。

3. 鮑魚用小刷輕輕刷去污泥，去殼（保留鮑魚殼作高湯用）。

4. 去掉內臟及鮑魚嘴。

5. 切薄片備用。

6. 鮮冬菇以棉布抹乾淨，去蒂切片備用。昆布用濕棉布輕抹。

7. 小鍋中放入清水、鮑魚殼、昆布和鮮冬菇蒂。

8. 煮 10 分鐘後把昆布取出，續煮 10 分鐘。

⑨ 把高湯材料隔起,再過濾高湯。

⑩ 取一鑄鐵鍋或石鍋,預熱芝麻油,放入蒜蓉炒香。

⑪ 倒入白米翻炒至米粒沾上油分。

⑫ 注入高湯煮滾後,蓋上蓋調至小火煮 8 分鐘。醬汁材料拌勻備用。

⑬ 開蓋加入鮑魚片和鮮冬菇片續煮 4 分鐘,最後灑上甘筍粒和蔥粒,蓋上蓋焗 3 分鐘。

TIPS

- 按照米的吸水程度調整高湯的分量。這食譜中米和高湯的比例是 1:1.1。
- 裝碗後拌入醬汁吃會更滋味。
- 鍋飯完成後不妨加入一小片牛油,有畫龍點睛之效呢!
- 由於韓國地理上較接近日本,水質較優,養殖的鮑魚其內臟也較乾淨,因此韓國人做鮑魚粥和鍋飯料理多會與內臟同煮。

喜麵
잔치국수

「喜麵」是韓國喜慶時用來宴客的一道麵食，細長的麵條象徵「長久」。
生日時吃喜麵，祝福健康長壽；結婚時吃喜麵，祈願夫妻能長相廝守，白頭
到老。

✿ 材料

素麵	150 克
甘筍	¼ 條
韓國櫛瓜（翠肉瓜）	¼ 條
鮮冬菇	3 隻
泡菜	適量
雞蛋	1 隻

湯頭材料：

清水	600 毫升
乾冬菇	3-4 隻
鰮魚乾	20 條
昆布（5×5 厘米）	2 片
蔥白	2 段
洋蔥	¼ 個

湯頭調味：

韓國湯用豉油	1 ½ 茶匙
鹽	1 茶匙

TiPS

- 做鰮魚湯的鰮魚乾記得要先去頭去內臟，不然熬煮的湯頭可能會有苦味啊！
- 韓國湯用豉油相比釀造豉油顏色較淺，味道不太鹹，亦可加入涼拌前菜中提味。

🍲 做法

① 鰻魚乾去頭去內臟，昆布用濕棉布輕抹一下。乾冬菇用水略略沖洗。洋蔥去皮洗淨，切大件。湯頭全部材料放入鍋中，煮滾後調至小火煮10分鐘。

② 先把昆布夾起，續煮5分鐘。

③ 把材料隔起，湯頭過濾，加入調味成鰻魚湯。

④ 甘筍去皮洗淨，切絲。櫛瓜洗淨，切絲。鮮冬菇用棉布抹乾淨，切片。

⑤ 煎鍋預熱少許油，分別炒香甘筍絲、櫛瓜絲和鮮冬菇片。

⑥ 小心分開蛋黃和蛋白，分別煎成黃、白蛋皮，切幼絲。

⑦ 小鍋中煮滾清水後放入素麵，滾起後倒入一杯冷水，重複動作一次。麵條撈起在流水下沖洗，瀝乾備用。

⑧ 翻熱鰻魚湯，把素麵分放到湯碗，鋪上炒好的材料、蛋絲和泡菜，最後倒入熱呼呼的鰻魚湯即可。

烤肉蘸醬三劍俠

고기구이소스삼총사

1-5 人　　5 分鐘

吃烤肉怎少得蘸醬呢！

雖然市面有各種的烤肉蘸醬售賣，然而一次總是難用光，吃不完的蘸醬不但佔據廚櫃寶貴的空間，又怕一個不小心過了食用期要忍痛丟棄。自己在家製作烤肉蘸醬一點也不複雜，把所需材料拌一拌，準備好烤肉和蔬菜就可以開動啦！

🌟 材料

烤肉包飯醬 （4-5 人份）

韓國大醬	4 湯匙
韓國辣椒醬	2 茶匙
青蔥粒	2 茶匙
洋蔥碎	½ 湯匙
芝麻油	½ 茶匙
蒜蓉	1 湯匙
粟米糖漿（糖稀）	½ 湯匙
白芝麻	少許

麻油鹽醬 （1 人份）

芝麻油	½ 湯匙
烤過的海鹽	¼ 茶匙
黑胡椒粉	⅛ 茶匙
磨碎芝麻	1 湯匙

芥末醋醬（2 人份）

韓國豉油	1 湯匙
飲用水	½ 茶匙
粟米糖漿（糖稀）	½ 湯匙
蘋果醋	½ 茶匙
洋蔥絲	少許
青芥末	少許

以上三款醬料，只要拌勻就完成啦！

TIPS

• 洋蔥可先泡冰水去除辛辣味。

Chapter 2

湯品

韓式馬鈴薯豬骨湯
감자탕

在酒文化盛行的韓國，下班後去應酬或和朋友聚會大多會點酒喝，喝得醉醺醺回家，隔天起床後宿醉那種肝腸寸斷的感覺很難受，這時需要一鍋馬鈴薯豬骨湯作解酒，紓緩酒後不適的胃部。

材料

豬脊骨	1 斤（600 克）
馬鈴薯（中型 / 小型）	3 個 / 6 個
紫蘇葉（切小塊）	6 塊
紫蘇籽粉（들깨가루）	3 湯匙
旺菜	1-2 棵
洋蔥	1 個
料理酒	1 湯匙
黑胡椒粒	1 茶匙

醃料：

韓國辣椒粉	3 湯匙
韓國大醬	2-3 湯匙
韓國豉油	1 湯匙
蒜蓉	1 湯匙

TIPS

- 豬脊骨可改用豬肋骨。
- 紫蘇籽粉又叫野芝麻粉，在售賣韓國食材的小店可以找到，如真的沒有可以芝麻粉代替，但味道可能會稍遜。

🍲 做法

① 豬脊骨浸泡清水1小時去除表面污物和血水。

② 湯鍋放入清水和豬脊骨，煮滾後轉小火氽燙10分鐘。

③ 取出豬脊骨沖洗瀝乾。

④ 洋蔥去皮切件。鍋子清洗後再注入清水，放入豬脊骨、洋蔥、料理酒和黑胡椒粒以小火燉煮2小時，之後夾起豬脊骨，高湯以網篩過濾（大概有1000毫升）。

⑤ 旺菜洗淨，放入滾水略氽燙1分鐘，隔水瀝乾。

⑥ 混合所有醃料拌勻。

⑦ 旺菜和豬脊骨拌入醃料醃30分鐘。馬鈴薯去皮切大塊（小型馬鈴薯只需去皮）。

⑧ 豬脊骨、旺菜和馬鈴薯放到鍋中，倒入高湯燉煮至馬鈴薯軟身，放入紫蘇葉，可按個人口味加鹽調味。上桌前放入紫蘇籽粉即可。

蛤蜊清湯
조개맑은탕

🍲 2人　🕐 10分鐘

蛤蜊清湯是我家經常出現的湯品之一，因為既容易又省時。湯頭是單純
的蛤蜊鮮甜味，新手煮婦也能輕易在 10 分鐘內完成。我倒喜愛加些青陽辣椒
令湯頭帶有微微的辣度，不論夏天或冬天也很適合來一鍋。

✪ 材料

蛤蜊	600 克
清水	600 毫升
蒜蓉	½ 湯匙
洋蔥	¼ 個
青、紅辣椒（切片）	適量
蔥粒	適量
鹽	適量
鯷魚乾	4-5 條
料理酒	1 湯匙

🍲 做法

① 把蛤蜊放入清水，加入鹽1茶匙，浸泡1-2小時待蛤蜊吐沙，之後清洗外殼。

② 鰮魚乾去頭去內臟。洋蔥去皮洗淨，切幼絲。

③ 小鍋內注入清水，放入鰮魚乾煮20分鐘，過濾成鰮魚高湯。

④ 高湯放入洋蔥絲和蛤蜊，加入料理酒和蒜蓉煮至蛤蜊開口，以鹽調味。

⑤ 最後灑上青、紅辣椒片和蔥粒。

💡 TIPS

• 蛤蜊吐沙的方法有很多種，韓國人的方法是把蛤蜊放到鹽水中，再用膠袋或蓋給蛤蜊遮光，營造蛤蜊喜愛的黑暗環境待上1-2小時，蛤蜊便會乖乖吐沙。
• 蛤蜊換成藍青口也是一個不錯的選擇！
• 蛤蜊本身有海水鹹味，準備下鹽前要先試味避免過鹹啊！

韓式花蟹湯
꽃게탕

我家的馬仔很愛吃蟹，但又討厭拆那堅硬的蟹殼，於是這道帶給煮婦「先苦後甜」感覺的韓式花蟹湯，正符合他的要求。相比直接把蟹件入鍋，先把蟹肉拆出再用蟹殼熬煮高湯，蟹的鮮甜味會更融入湯中，這就是「宮廷版」的花蟹鍋。

✿材料

花蟹	2 隻
牛絞肉	50 克
豆腐	¼ 件
鮮冬菇	3 隻
皇帝菜	適量
韓國櫛瓜（翠肉瓜）	½ 條
昆布鯷魚乾高湯	1000 毫升
青、紅辣椒片（裝飾）	適量
蛋液	適量

蟹肉餡料調味：

鹽	½ 茶匙
胡椒粉	¼ 茶匙
芝麻油	¼ 茶匙

調味：

韓國燒酒	1-2 湯匙
韓國大醬	2 ½ 湯匙
韓國辣椒醬	½ 茶匙
韓國辣椒粉	1 茶匙

⊃ 做法

① 花蟹刷洗乾淨外殼，斬件；蟹蓋留起，其餘部分放入蒸爐或隔水蒸 10 分鐘，蟹水留起備用。

② 花蟹放涼後拆出蟹肉，蟹殼留起備用。皇帝菜洗淨，櫛瓜洗淨切片。

③ 豆腐放入棉袋擠去水分。鮮冬菇用棉布抹乾淨，切小粒。

④ 牛絞肉、豆腐、鮮冬菇粒和蟹肉放到大碗中，加入少許鹽、胡椒粉和芝麻油拌勻成餡料。

⑤ 蟹蓋抹上生粉，填入餡料。

⑥ 餡料表面掃上薄薄一層蛋液。

⑦ 平底鍋預熱油，放入蟹蓋（有餡料的一面向下）以中火煎 2 分鐘，灑點水蓋上蓋繼續煎焗 2 分鐘。

⑧ 湯鍋預熱油，炒香蟹殼，沿鍋邊倒入韓國燒酒，再注入昆布鰻魚乾高湯和蟹水，大火煮 5 分鐘後轉小火續煮 25 分鐘，濾出蟹湯。

⑨ 蟹湯回鍋，拌入大醬、辣椒醬和辣椒粉。

⑩放入蟹蓋煮 2 分鐘。

⑪加入皇帝菜和櫛瓜片煮熟,最後放入青、紅辣椒片裝飾。

TIPS

• 可以加入菇菌類和豆腐,令蟹湯味道更豐富。
• 花蟹買回家後若非即時食用,應原隻放進雪櫃,蟹遇冷休眠會降低活動力。

豆腐蠔肉紫菜湯
두부굴김국

我家雪櫃常備有紫菜飯卷用的紫菜，當餘下三數塊時便會用來做紫菜湯。
加入蠔肉令整鍋湯充滿海鮮風味，是繼蛤蜊清湯後，又一道快捷簡便的湯品。

材料

蠔肉	8 隻
無調味紫菜	3 塊
豆腐	½ 件
蔥粒	適量
鹽	½ 茶匙
韓國湯用豉油	½ 茶匙
芝麻油	少許

高湯材料：

清水	700 毫升
昆布（5×5 厘米）	2 片
鯷魚乾	10 條
洋蔥	1 個
蝦乾	8 隻

做法

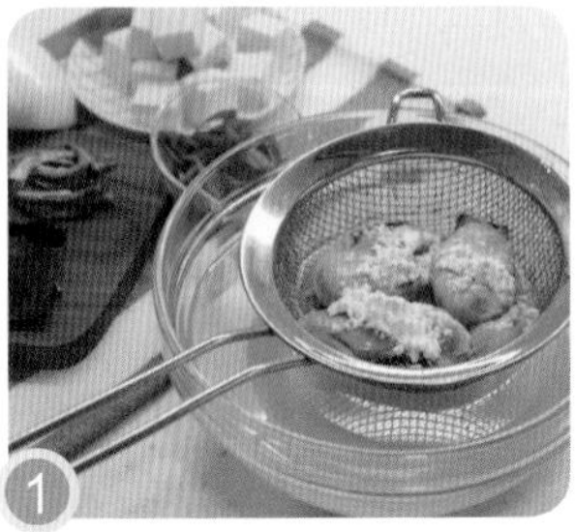

1 蠔肉先用粟粉抓洗，小心清潔裙邊的污垢，之後用水沖洗瀝乾。豆腐切丁。

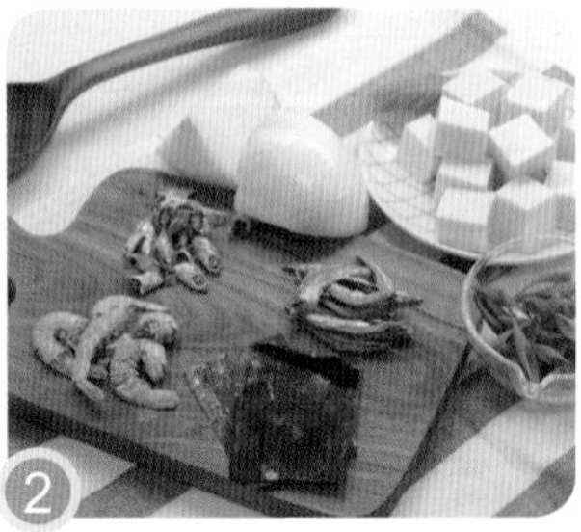

2 處理高湯材料：鯷魚乾去頭去內臟，洋蔥去皮洗淨切件，昆布用濕棉布輕抹一下。

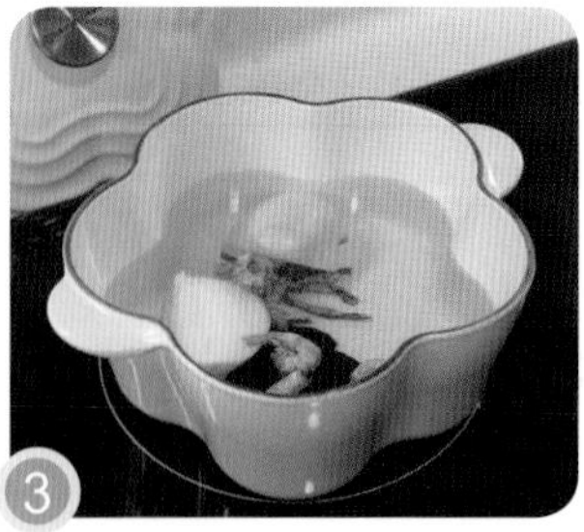

3 鍋中加清水煲滾，加入全部高湯材料熬煮 10 分鐘，之後取出昆布續煮 10 分鐘。

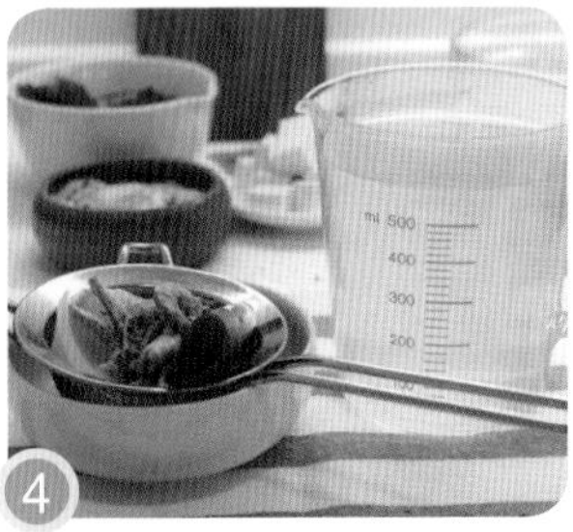

4 濾出高湯。

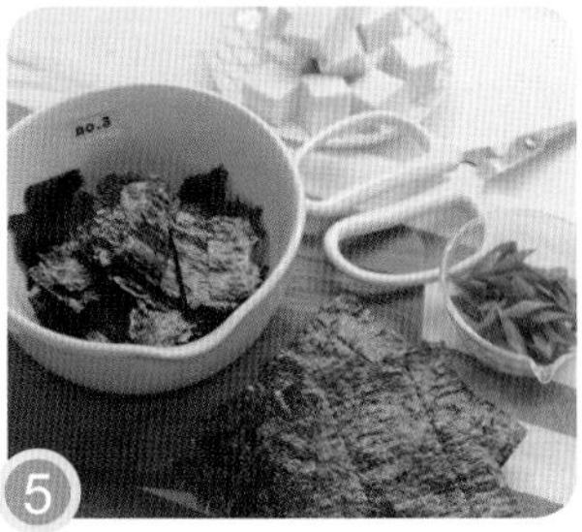

5 紫菜用手撕成小塊。

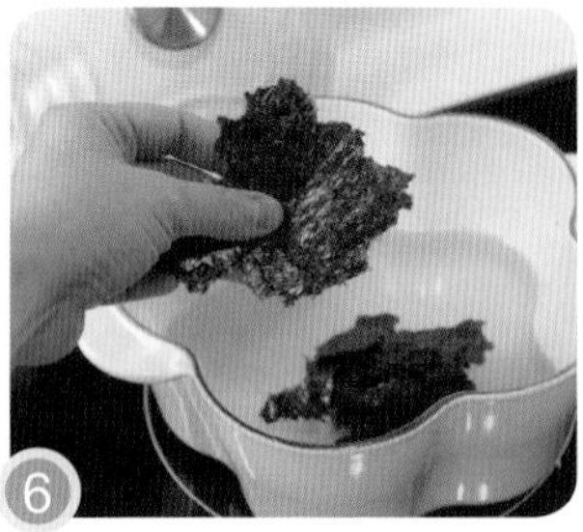

6 高湯放入紫菜塊煮至軟爛。

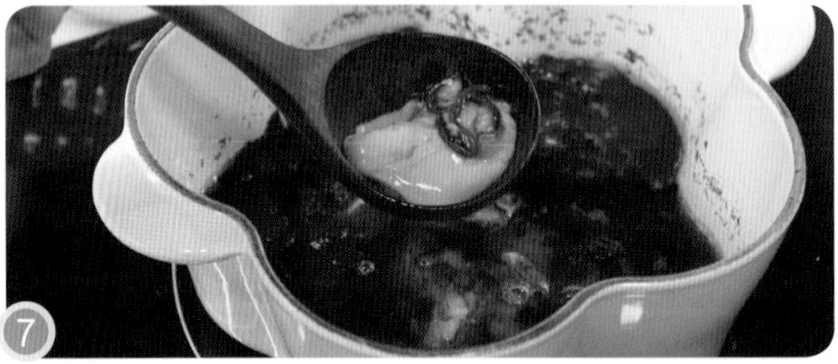

7 加入蠔肉和豆腐丁，以鹽和湯用豉油調味，最後灑點芝麻油和蔥粒。

TIPS

- 嗜辣的可以加點辣椒粉添辣。
- 蠔肉可換成蝦仁、蜆肉或魷魚。
- 湯用豉油（국간장）是專門用來加到湯品或作涼拌用，顏色較淡，但也要小心添加以避免過鹹。

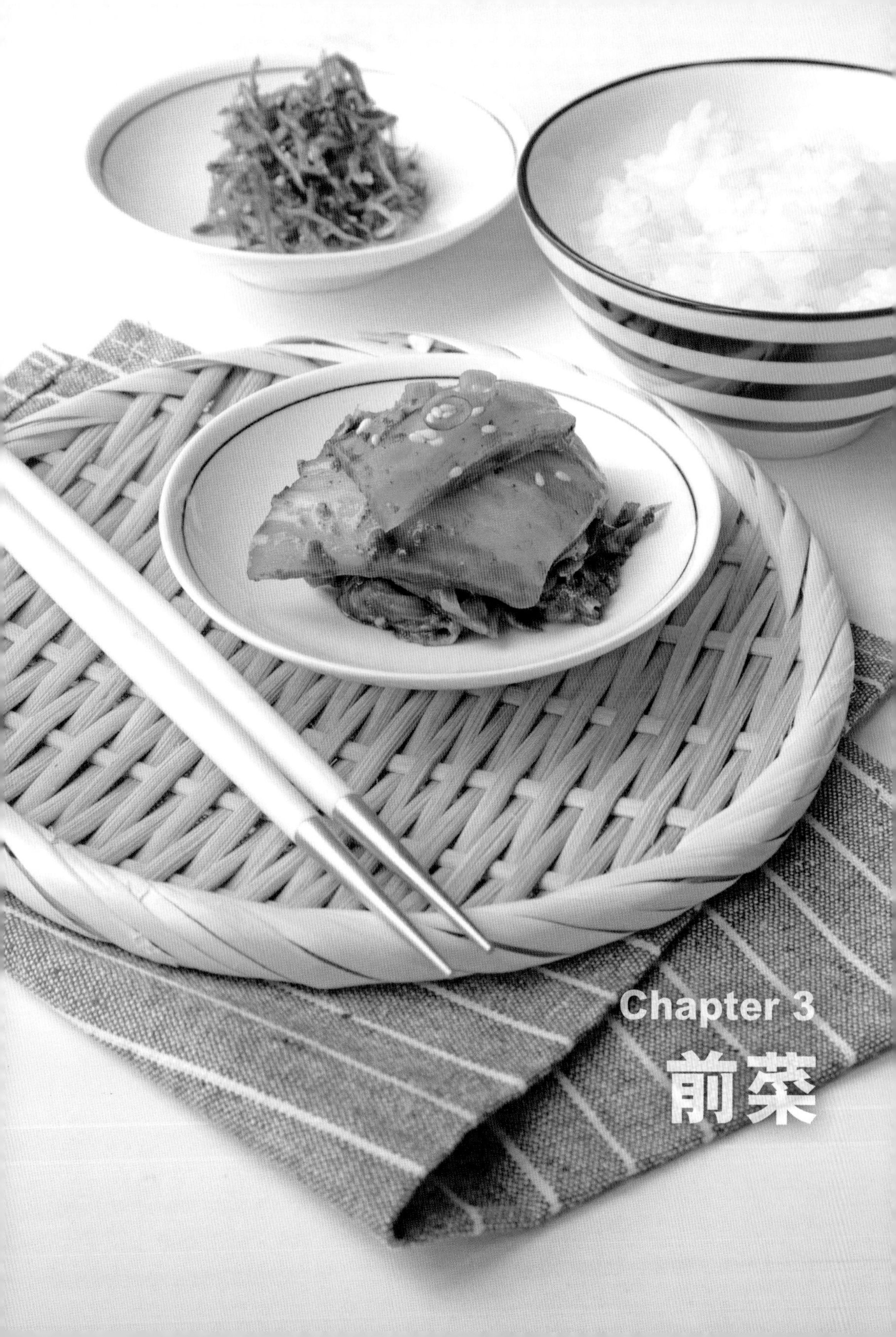

Chapter 3
前菜

醬煮黑豆
콩자반

烏黑黑樣子不討好的黑豆，是韓國家常小菜之一。用醬油和糖小火燉煮，
味道甜甜鹹鹹的有嚼勁，很適合用來下飯下粥。有時簡單的一碗稀飯，佐一
小碟黑豆和小魚乾，已很滿足。

材料

材料	分量
黑豆	200 克
韓國豉油	5 湯匙
糖	3 湯匙
粟米糖漿（糖稀）	2 湯匙
味醂	2 湯匙
昆布（5×5 厘米）	1-2 片
白芝麻	2 湯匙
清水	3 杯（約 600 毫升）

🍲 做法

1 黑豆清洗乾淨後泡水 2-3 小時（水要蓋過黑豆面），浸泡後的黑豆會稍微脹大。昆布用濕棉布輕抹。

2 鍋子注入清水，放入昆布、韓國豉油、味醂和糖，倒入黑豆煮滾後轉中火煮 10 分鐘，然後取出昆布，再慢慢煮至收汁。

3 最後加入粟米糖漿拌勻，灑上白芝麻，待涼後放入已消毒的器皿保存。

TIPS

- 黑豆燉煮完成後才加粟米糖漿會令色澤更光亮。
- 燉煮時要不時試黑豆的軟硬度。
- 豆類總是會有點豆腥味，加入昆布同煮可以好好去除這味道。
- 如黑豆的軟硬度接近完成但湯汁仍太多，可轉大火邊煮邊攪拌加速收汁。

涼拌醋海帶
미역초무침

2 人   15 分鐘

保存期限：即日食用完畢

夏天總愛吃酸酸甜甜的東西，這道涼拌醋海帶，以海洋風味的海帶配以
爽脆的青瓜和蘿蔔，混入酸甜的醬汁，給味蕾一抹清新的滋味。

✪ 材料

乾海帶	15 克
青瓜	½ 條
櫻桃蘿蔔	3-4 顆

醬汁：

蘋果醋	4 湯匙
梅子汁（或糖）	2 湯匙
鹽	1 茶匙
白芝麻	2 茶匙

做法

1 乾海帶泡清水至軟身。

2 櫻桃蘿蔔和青瓜洗淨切片，撒上少許鹽出水。

3 海帶瀝乾水分，剪成小段。

4 所有材料和醬汁拌勻，灑上白芝麻，放到雪櫃醃漬 1 小時。

TIPS

- 不要一下子浸泡太多海帶，因海帶吸水後會脹發數倍。
- 海帶不宜浸泡太久以免失去營養價值。

醬煮香菇鵪鶉蛋
버섯메추리알장조림

鵪鶉蛋小巧的一顆，加上醬油滷製，鹹滋滋的一口一顆好好吃，是一道很受韓國小孩歡迎的前菜。韓國超市可以買到已煮熟去殼的鵪鶉蛋，十分方便，但在香港買到的大多是生鵪鶉蛋，那只好花些時間煮熟後逐顆去剝殼啦！

✪ 材料

鵪鶉蛋	24 隻
鮮冬菇	6 隻

醬汁材料：

清水	200 毫升
韓國豉油	60 毫升
昆布（5×5 厘米）	3 塊
洋蔥	½ 個
辣椒乾	3 隻
鯷魚乾	10 條
蝦乾	6 隻
粟米糖漿（糖稀）	1 湯匙
糖	2 茶匙
味醂	1 湯匙
胡椒粉	⅛ 茶匙

🍲 做法

1　鵪鶉蛋放入滾水煮 3-4 分鐘，撈起後立即放入冰水泡涼，小心去殼備用。

2　鮮冬菇以棉布抹乾淨，去蒂後切厚片。鰻魚乾去頭去內臟，昆布用濕棉布輕抹一下。洋蔥去皮切件。

3　醬汁材料放入小鍋中，煮滾後轉小火煮 10 分鐘，夾起昆布續煮 10 分鐘。

4　放入鵪鶉蛋和鮮冬菇片煮 2 分鐘後關火，靜置 1-2 小時至鵪鶉蛋入味，隔起醬汁以已消毒的玻璃密實瓶裝好放雪櫃，食用時以乾淨的小匙取出即可。

TIPS

• 餘下的醬汁再翻滾，待涼後以玻璃瓶裝好放雪櫃，變成萬用醬油不要浪費啊！

涼拌橡實果凍
도토리묵무침

橡子，又叫做橡實果，是松鼠最愛的食物。橡實果凍是用橡子提煉的粉末加水做成口感像涼粉的果凍。韓國人喜愛加入蔬菜和下較濃味的辣醬汁來蓋過果凍的微苦味道，加上橡實果凍卡路里低，亦是韓國女孩用作瘦身的不二之選呢！

★材料

橡子果凍	1 盒
沙律菜	200 克
甘筍	¼ 條
洋蔥	¼ 個

醬汁：

韓國豉油	4 湯匙
韓國辣椒粉	2 湯匙
粟米糖漿（糖稀）	1 湯匙
梅子汁	1 湯匙
蒜蓉	1 湯匙
芝麻油	½ 湯匙
白芝麻（磨碎）	1 湯匙

做法

① 橡子果凍小心從盒內取出。洋蔥和甘筍去皮洗淨，切幼絲。

② 橡子果凍切成 1 厘米厚片。

③ 洋蔥浸泡冰水去除辛辣味。

④ 把醬汁材料混合拌勻（可預先調好放到雪櫃）。

⑤ 食用前才把醬汁拌入，可配搭洋蔥絲、甘筍絲和沙律菜同吃。

TIPS

• 橡子果凍可以在尖沙咀金巴利街售賣韓國食品的小店找到。
• 上桌前才把醬汁拌入可保持沙律菜清爽鮮脆的口感。

蘿蔔片水泡菜
나박물김치

蘿蔔片水泡菜是以蘿蔔和白菜為主要材料且帶湯汁的泡菜。夏日裡的韓國餐廳經常拿來當開胃菜，吃飯前每人來一小碗，冰涼酸甜的湯汁和爽脆的蘿蔔片，足以喚醒悶熱的味蕾。

★ 材料

白蘿蔔	180 克
旺菜（小型）	200 克
甘筍	⅓ 條
蔥	2 棵
紅辣椒	½ 隻

鹽醃漬材料：

粗鹽	30 克
糖	10 克
清水	600 毫升

泡菜湯汁材料：

清水	1000 毫升
旺菜葉	3-4 片
白蘿蔔	50 克
昆布（5×5 厘米）	1-2 片
豐水梨	½ 個
洋蔥	½ 個
薑	2 片
鹽	1 湯匙

泡菜湯汁調味：

薑	1 片
蒜瓣	5-6 顆
豐水梨	½ 個
洋蔥	½ 個
辣椒粉	1 湯匙

做法

1 旺菜摘下最外面3-4片菜葉，洗淨留用；其餘洗淨後切成一口大小。

2 白蘿蔔去皮洗淨，切成一口大小塊狀。

3 加入粗鹽和糖到白蘿蔔粒和旺菜切片中，拌勻後靜置10分鐘。

4 倒入清水 600 毫升再醃漬 30 分鐘。

5 完成後以清水沖洗一遍，瀝水備用。

6 豐水梨去皮去核。白蘿蔔和洋蔥去皮洗淨切件。昆布用濕棉布輕抹。泡菜湯汁全部材料放入鍋中煮滾。

7 5分鐘後夾起昆布，續煮15分鐘。

8 完成後隔渣待涼。

9 豐水梨去皮去核切件，洋蔥去皮洗淨切件，連同其餘的泡菜湯汁調味材料（除辣椒粉外）放到攪拌機打成糊狀。

⑩ 取一茶包袋或棉袋把汁液擠壓到湯汁裡。

⑪ 辣椒粉放入茶包袋或棉袋中，浸泡在湯汁裡（可用手擠壓）至湯汁變成橙紅色（如不愛吃辣可省略此步驟）。

⑫ 蔥洗淨切段，甘筍去皮洗淨切片，紅辣椒洗淨切片。旺菜和蘿蔔片放到密實盒，鋪上蔥段、甘筍片和紅辣椒片。

⑬ 倒入泡菜湯汁，蓋上蓋後置於室溫發酵（冬天放 1 天，夏天放半天），再放入雪櫃熟成 3 - 4 天便可。

TIPS

- 徹底熟成的水泡菜，湯汁會帶有酸味，韓國人多會用來當冷麵湯汁。
- 可以加入薄切梨片和蘋果片，令水泡菜的味道更豐富。
- 裝泡菜的容器要清爽乾淨，最好使用玻璃或琺瑯這類不吸味的密實盒。

白菜泡菜
배추김치

當上韓煮婦後，已忘了是第幾遍醃製白菜泡菜，香港寸金尺寸，我家雪櫃只是小小的一台，所以只能默默地進行小分量製作。真羨慕那些韓國家庭可以放一台泡菜雪櫃，一次做足夠半年食用的分量呢。

記得醃製泡菜還在菜鳥的階段時，醃料分量拿捏不準確，總是不太對味。幸好只是小分量，不對味就拿去煮湯炒飯務求快快吃完，馬仔也不用太受難。直到現在我還未算得上是泡菜老手，但總算做出合我家口味的泡菜。

材料

旺菜	½ 個（約 650 克）

醃漬鹽水：

粗鹽	2 ½ 湯匙
清水	1400 毫升

醃漬醬料：

白蘿蔔	¼ 條（約 250 克）
蔥	1 棵
蒜瓣	2-3 顆
薑	2 片
豐水梨	¼ 個
韓國辣椒粉	8-9 湯匙
鯷魚乾粉	2 ½ 茶匙
韓國蝦仁醬	2 湯匙
韓國魚露	3 湯匙
鹽	2 ½ 茶匙
糖	2 湯匙
糯米粉	2 湯匙
清水	200 毫升
白芝麻	2 湯匙

🍲 做法

① 旺菜莖部中間切一刀。

② 小心把旺菜撕開成兩份。

③ 把 1 ½ 湯匙鹽（食譜分量外）抹在已清洗乾淨的旺菜上，特別是近莖的部分可多抹一點。

④ 粗鹽放入清水並攪拌至完全溶掉，把鹽水倒入旺菜中浸泡。

⑤ 以重物壓在旺菜上醃漬 4 小時。

⑥ 在流水下沖洗旺菜。

⑦ 置在篩網約 3 小時瀝乾水分。

⑧ 白蘿蔔去皮洗淨，切幼絲。蔥洗淨切段。

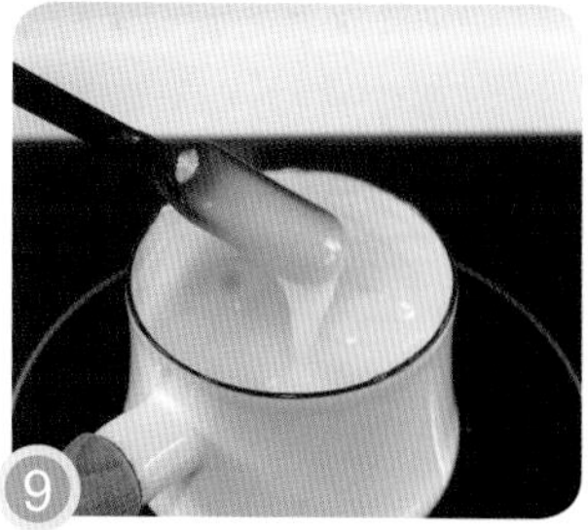

9 小鍋中放入糯米粉和清水200毫升拌勻，以小火煮成糯米漿（煮的過程必須不停攪拌），待涼備用。

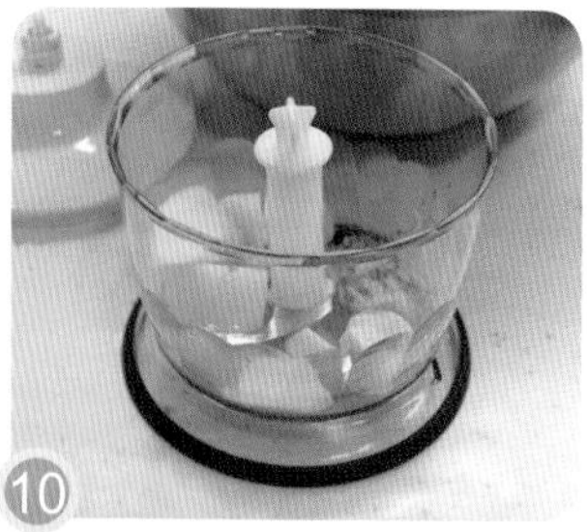

10 豐水梨去皮去核，連同蝦仁醬、蒜瓣和薑片放到攪拌機攪成蓉。

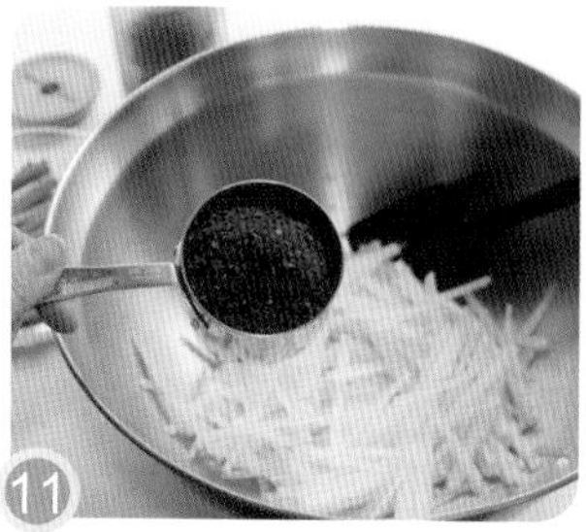

11 將辣椒粉拌入白蘿蔔絲。

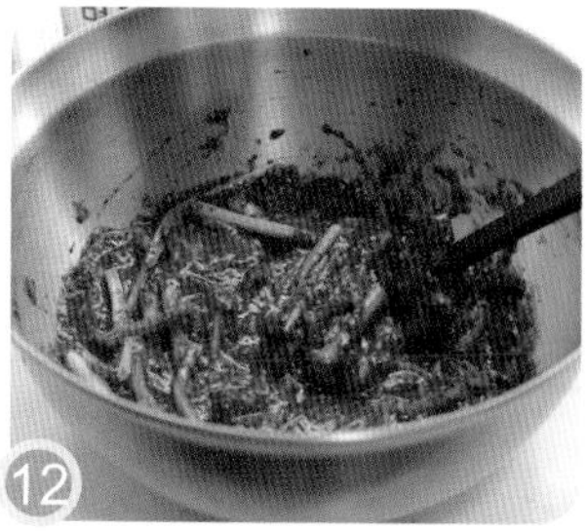

12 倒入果蓉和糯米漿充分拌勻，加入調味料（魚露、鯷魚乾粉、鹽和糖），最後拌入蔥段和白芝麻。

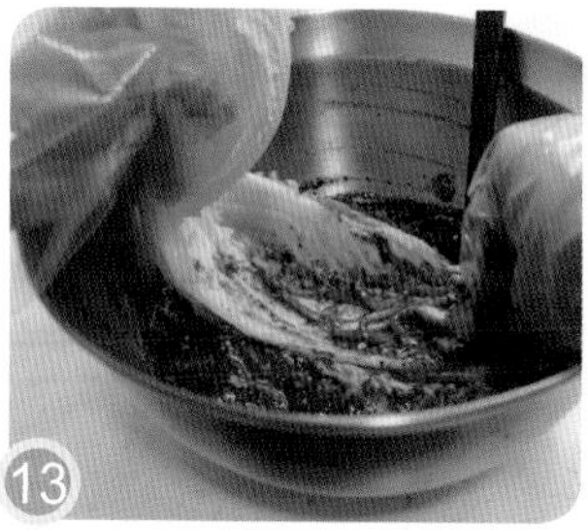

13 戴上膠手套，把醬料平均地抹在菜葉上。

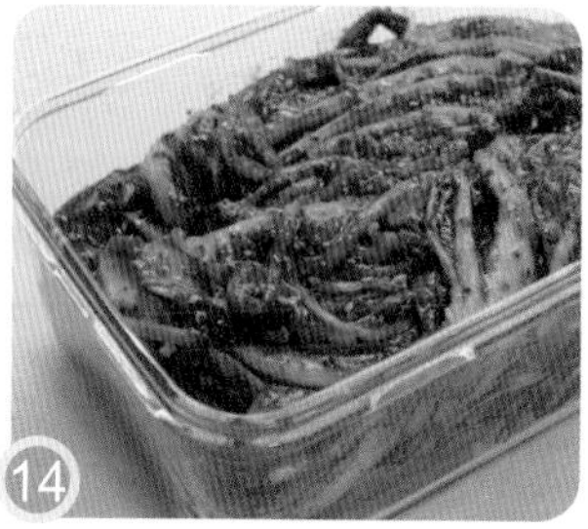

14 將已塗滿醬料的旺菜整齊地放到密實盒內。

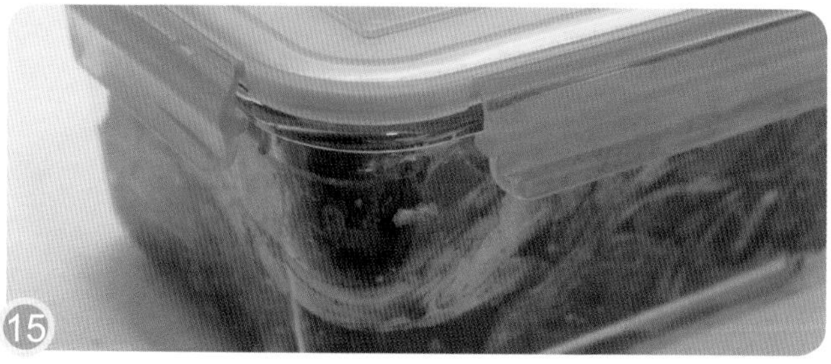

15 蓋上蓋後放在室溫發酵熟成（夏天放約半天或1天，冬天可放2天），之後放入雪櫃保存，用刀切成小件方便食用。

TIPS

- 若14天內未能食用完畢，過度發酵帶酸味的泡菜可以作料理用。

青瓜泡菜
오이소박이

青瓜熱量低、水分充足，有很高的營養價值，韓國人在登山時必定會帶備青瓜作小吃解渴充飢。青瓜除了可以用來作涼拌菜或沙律外，也會用來製作夏令泡菜。悶熱夏日食慾不振時，不妨來一口爽脆清新的青瓜泡菜一洗暑氣吧！

✿ 材料

青瓜	3 條

醃漬材料：

韭菜	60 克
甘筍	⅓ 條
蒜蓉	2 湯匙
薑蓉	1 茶匙
韓國魚露	2 ½ 湯匙
韓國蝦仁醬	1 湯匙
糖	1 湯匙
梅汁	2 湯匙

青瓜鹽漬材料：

清水	700 毫升
粗鹽	3 湯匙

做法

1. 青瓜以鹽搓刷外皮後用水沖乾淨。

2. 切成 5 厘米小段。

3. 每件青瓜從頂至下以十字形切開，千萬不要切到底。
（把青瓜放到兩根筷子中間就不怕不小心切到底啦！）

4. 清水拌入粗鹽，放入青瓜浸泡 30 分鐘。

5. 泡軟至能微微屈曲的程度就可以。

6. 放到篩網瀝乾水分。

7. 韭菜洗淨切粒，甘筍去皮洗淨切小粒。

8. 蝦仁醬切成細末。

9. 醃漬材料充分拌勻後放置半小時至入味，成韭菜醬。

⑩ 把調料塞滿青瓜的十字縫內，輕輕壓實。

⑪ 放到密實盒內醃漬 1-2 天至入味即可。

TIPS

• 以鹽搓刷青瓜外皮，除了可以刷去表面髒物外，也可減少表皮的青澀味。

• 醃漬青瓜後若餘下韭菜醬，把它放到豆腐上，則變成另一道韓式小菜。

涼拌蔥絲
파무침

我家冰箱經常存有五花肉，每當有朋友突然來「搭伙」時，烤肉是最簡單、
不用花時間準備、吃得飽，又能充撐場面的菜式。沒有時間買生菜和蘸醬？
這道涼拌蔥絲一定幫到你。微酸帶辣和爽脆的口感正好平衡五花肉的油膩。
所以說涼拌蔥絲是烤肉的好伙伴，兩者配搭食用完全沒有違和感。

材料

大蔥	2 條
白芝麻	1 湯匙

醬汁：

韓國辣椒醬	½ 茶匙
韓國豉油	1 湯匙
韓國辣椒粉	2 湯匙
蘋果醋	2 湯匙
蒜蓉	½ 湯匙
糖	1 湯匙
芝麻油	少許

做法

① 大蔥洗淨,切成 3 段後橫切成兩半。

② 順著蔥段的橫切面切成幼絲。

③ 蔥絲泡冰水去除辣味,瀝水備用。

④ 所有醬汁材料加入白芝麻拌勻。

⑤ 上桌前才把醬汁拌入蔥絲,保持爽脆口感。

TIPS

• 可以用大蔥切絲器幫手,省時又省力。

醬煮蓮藕

연근조림

2 人　　30 分鐘

保存期限：密封冷藏保存 7 天

蓮藕去皮後白白嫩嫩、清脆爽口，簡單用醬油和糖燉煮至入味，即成鹹鹹甜甜的涼菜，而且保存期較長，因此每逢在市場看到有新鮮蓮藕，我都會買來做這道涼菜。加上蓮藕有健脾養胃、補氣養血的功效，多吃無妨呢！

✿ 材料

蓮藕	250 克
清水	200 毫升
韓國豉油	40 毫升
味醂	1 湯匙
粟米糖漿（糖稀）	2 湯匙
蘋果醋	1 湯匙
白芝麻	1 茶匙

做法

① 蓮藕去皮洗淨，切成 5 毫米薄片。

② 鍋中放入蓮藕片，注入清水（食譜分量外，需蓋過蓮藕），倒入蘋果醋，以中大火煮 10 分鐘後隔水。

③ 蓮藕回鍋，倒入清水、豉油、味醂和粟米糖漿，以小火煮至收汁。

④ 最後加入少許粟米糖漿和白芝麻拌勻。

TIPS

• 蓮藕先以醋水略煮會更加爽脆。
• 如喜愛柚子酸甜的味道，可以 1 湯匙柚子蜜代替粟米糖漿。

馬鈴薯煎餅
감자전

我家中的蔬菜籃，常備有耐放的馬鈴薯和洋蔥。若突然發懶不想到市場買菜，也可以好好利用家中已有的食材來做料理。不論做沙律、煮湯，或是做這個馬鈴薯煎餅，也是簡單不過的菜式。

材料

馬鈴薯（中型）	2 個
甘筍	¼ 條
洋蔥	¼ 個
蔥	1 棵
鹽	½ 茶匙
胡椒粉	⅛ 茶匙
紅、青辣椒片（裝飾）	適量

TIPS

• 薯蓉要盡量擠去水分，煎出來的馬鈴薯煎餅才會有外脆內軟的口感。

做法

1. 馬鈴薯去皮後切小件（可浸泡在水中以免氧化變黑）。洋蔥和甘筍去皮洗淨切小粒。蔥洗淨切粒。

2. 馬鈴薯放入攪拌機打成薯蓉。

3. 薯蓉放入魚湯袋。

4. 用手把水分盡量擠出，馬鈴薯水保留備用。

5. 馬鈴薯水靜置15分鐘後倒掉面層的水，只保留沉底的澱粉。

6. 薯蓉拌入澱粉，加入甘筍粒、洋蔥粒和蔥粒，以鹽和胡椒粉調味。

7. 薯蓉搓揉成薯餅。

8. 平底煎鍋預熱油，放入馬鈴薯餅，鋪上紅、青辣椒片。

9. 煎至兩面金黃即可。

Chapter 4
街頭風味小食

糖煎餡餅
호떡

糖煎餡餅是韓國傳統街頭美食之一，餡餅煎得外脆內軟，內餡是流心糖漿，每一口滲出淡淡的肉桂香，是屬於秋冬的香甜味道。但要小心的是，糖漿是非常燙口的啊！

✿ 材料

麵糊材料：

高筋麵粉	115 克
糯米粉	70 克
糖	½ 湯匙
鹽	½ 茶匙
牛奶	100 毫升
雞蛋	1 隻
速發酵母	1 ½ 茶匙
菜油	½ 湯匙

糖餡材料：

黑糖	50 克
堅果（核桃、杏仁或花生）	2 湯匙
肉桂粉	½ 茶匙

TIPS

- 試試把吃剩的韓國炒粉絲包入做成鹹味煎餅，味道相當不錯的。
- 一次吃不完？只要把餡餅煎好放涼，用保鮮膜包好冷凍起來，吃時用微波爐或直接放上平底鍋翻熱就可以隨時享用啦！

做法

① 鍋中倒入牛奶以小火煮熱（不要煮滾啊！），倒入菜油和蛋液拌勻。

② 高筋麵粉和糯米粉過篩，先加入糖和酵母輕輕拌勻，再加入鹽（酵母和鹽要避免直接接觸，以免鹽抑制酵母的活躍能力），然後逐少倒入牛奶蛋液。

③ 充分拌勻成麵團。

④ 封上保鮮膜發酵 45-60 分鐘至兩倍大，用手壓走麵團內的空氣，再鋪上保鮮膜讓麵團多休息 5 分鐘。

⑤ 麵團發酵期間可先處理餡料。堅果略略切碎，和黑糖、肉桂粉拌勻。

⑥ 手抹點菜油，把麵團分成 5 等份。

⑦ 取一份麵團壓平，放入糖餡（糖餡要多放一點才好吃）。

⑧ 小心把四周麵團捏合收口，這款麵團延展性很好，輕輕拉也不怕弄破。

⑨ 取一平底鍋倒入油（油要多一點），把餡餅收口的一面向下，煎至底部稍稍定形再翻面，用煎餅專用器（或鍋鏟）壓成圓餅狀，煎烤至兩面金黃酥脆即可。

韓式雞蛋包

계란빵

🍲 4-6 人　🕐 45 分鐘

第一次在韓國吃雞蛋包時，最初還以為跟我們港式「雞蛋仔」一樣，只是麵糊拌入雞蛋而已。誰知當我一口咬下去，竟發現裡面真的藏有一顆雞蛋！寒冬時總會走到街頭買熱烘烘的雞蛋包暖暖胃，別看它小小的一件，挺飽肚的啊！

✪ 材料

雞蛋（中型）	6 隻
黑胡椒粉	少許
鹽	少許
車打芝士	適量
煙肉片	適量

麵糊材料：

牛油溶液（或菜油）	1 湯匙
低筋麵粉	100 克
泡打粉	1 茶匙
雲呢拿油	¼ 茶匙
糖	30 克
牛奶	100 毫升
鹽	少許
雞蛋	1 隻

做法

① 焗爐預熱 200 度，預備製作麵糊。

② 雞蛋 1 隻、糖、鹽打勻至蛋液微黃，拌入雲呢拿油、牛奶和牛油溶液。低筋麵粉混合泡打粉，過篩，分三次把麵粉以摺入方法拌入蛋液至沒有粉粒。

③ 鬆餅焗盤抹上牛油溶液（食譜分量外）。

④ 麵糊倒入鬆餅模至半滿。

⑤ 每個模中放入 1 隻雞蛋，可按個人喜好加入車打芝士或煙肉片，灑上黑胡椒粉和鹽。

⑥ 放入焗爐焗 20-25 分鐘至雞蛋全熟。

TIPS

• 焗爐食譜經常看到這樣的一句話，我也不嫌其煩再重複一次：每家焗爐的火力略有不同，烤焗的時間要看情況做加減啊！

麻藥紫菜飯卷
마약김밥

麻藥紫菜飯卷是廣藏市場的「名物」之一，小巧的一條飯卷，包著五色
食材。重點是那個芥末蘸醬，甜而不嗆的味道竟然和飯卷很配合呢！

至於為甚麼叫做「麻藥紫菜飯卷」？請放心，這並不是有甚麼麻藥成分，
而是吃過後會不自覺愛上這味道，就像麻藥會令人上癮一樣。

⭐ 材料

包飯用紫菜	4 片
醃黃蘿蔔	4 條
醃牛蒡	8 條
火腿	8 條
甘筍	½ 條
菠菜	150 克
白米飯	3 碗
白芝麻	1 茶匙
鹽	½ 茶匙
芝麻油	少許

蘸醬：

黃芥末	1 茶匙
蘋果醋	1 茶匙
飲用水	1 茶匙
韓國豉油	½ 茶匙
糖	¼ 茶匙

🍲 做法

① 白米飯加入白芝麻、鹽和少許芝麻油拌勻。

② 每條醃黃蘿蔔切半後再切開成 4 等份。醃牛蒡和火腿切半。甘筍去皮洗淨，切幼絲。

③ 菠菜洗淨，放到滾水略汆燙45 秒，吸乾水分後切半，以少許鹽拌勻。

④ 甘筍絲和火腿絲分別放入煎鍋略炒。

⑤ 紫菜剪成 4 等份，放到竹墊上，鋪上薄薄的一層白米飯，中間位置放上各種餡料。

⑥ 小心（因為太迷你）把飯卷捲好並輕輕壓實。

⑦ 飯卷掃上薄薄的一層芝麻油，灑上白芝麻後切半。別忘記調製好美味的黃芥末蘸醬啊！

TIPS

• 飯卷可按個人口味換上不同的餡料。
• 切飯卷時刀上抹點芝麻油或水可防黏。

緑豆煎餅
녹두빈대떡

5 人（約 5 塊，每塊直徑 14 厘米）　30 分鐘（不包括浸泡綠豆時間）

燉豬腳、麻藥紫菜飯卷和這道綠豆煎餅是到廣藏市場不能錯過的美食。
售賣綠豆煎餅的攤檔，門口位置總會見到一台用來磨綠豆的石磨，在家製作
只需要一台攪拌機就可以啦！

★ 材料

綠豆	150 克
煎餅粉	4 湯匙
豬絞肉	60 克
芽菜	100 克
泡菜	70 克
清水	100 毫升

豬絞肉醃料：

鹽	¼ 茶匙
胡椒粉	⅛ 茶匙
芝麻油	少許
料理酒	¼ 茶匙

TIPS

- 沒有煎餅粉可改用粘米粉。
- 綠豆比較吸油，多下點油才能做出香脆可口的綠豆煎餅啊！（暫時忘記高卡路里吧！）

🍳 做法

① 綠豆清洗乾淨後，注入滾水，蓋上蓋焗 1 小時，之後換水放入雪櫃待 1 天，翌日用手把綠豆搓揉去皮後，加入清水約 100 毫升，以攪拌機攪成糊狀。

② 芽菜洗淨，放入滾水略汆燙 45 秒。盛起瀝水。

③ 芽菜和泡菜切碎，豬絞肉加入醃料醃 15 分鐘。

④ 綠豆糊加入煎餅粉並充分拌勻。

⑤ 拌入泡菜、豬絞肉和芽菜，可加點鹽和胡椒粉調味。

⑥ 平底煎鍋倒入油（油要多一點），放入綠豆糊半煎炸。

⑦ 煎至兩面金黃即可。

手工魚糕
수제어묵

到過韓國旅遊的人，相信都一定吃過魚糕，在帳篷路邊攤用竹籤串起放在熱騰騰的高湯裡浸泡著，尤其在寒冬的時候來一串，立時變得暖烘烘。另外有一款是現炸的魚糕，加點茄汁和芥末同吃，有點像美式熱狗。

自家製的魚糕每一口都是鮮甜的魚肉味，一次大量生產，在家中隨時隨地也可吃到啦！

★ 材料

石斑魚柳（或其他白魚肉）	400 克
魷魚	170 克
蝦（連殼）	170 克
甘筍	¼ 條
蔥粒	2 湯匙
蛋白	1 隻
生粉	1-2 湯匙
鹽	½ 茶匙
胡椒粉	¼ 茶匙

TIPS

- 魚糕放涼後以密實袋包好放到冰箱保存，拿來做魚糕湯或作火鍋配料也很合適。
- 如怕油膩不想吃炸物，可把魚糕放到約 80 度的熱水中煮至浮起，待涼後放到冰箱儲存。

⟨烹⟩ 做法

① 魷魚去衣去軟骨洗淨。蝦去殼去腸洗淨。白魚肉洗淨。全部用廚紙吸乾水分。

② 所有海鮮切成小塊。甘筍去皮洗淨，切細粒。

③ 把海鮮放到攪拌機，加入生粉、鹽和胡椒粉攪拌，最後加入蛋白攪勻。

④ 拌入甘筍粒和蔥粒，然後用手把魚漿拿起再搋回碗內十數下至起膠。

⑤ 砧板鋪上保鮮膜，把魚漿平鋪在上面。

⑥ 以刮刀小心把魚漿捲起。

⑦ 除了如圖的條狀，也可以做成圓球狀。

⑧ 預熱油 160 度，放入魚糕炸至金黃。

甜薯拔絲
고구마맛탕

🍲 2人　🕐 30 分鐘

　　甜薯拔絲是韓國街頭很受歡迎的小吃。韓國媽媽喜愛做這道甜點給放學回家的小孩作小點心，甜甜的糖漿包裹著現炸香脆的甜薯，相信沒人能抵擋這份美味吧！

☆ 材料

甜番薯	4 個（約 230 克）
黑芝麻	適量
食用油（炸甜薯用）	適量
黃糖	2 湯匙
粟米糖漿（糖稀）	2 湯匙
清水	2 湯匙

TIPS

• 煮糖漿的過程要小心看火，一個不留神糖漿煮得太濃稠，甜薯塊便會黏在一起。

做法

① 甜番薯用刷把外皮洗刷乾淨，以滾刀法切成一口大小，浸泡在清水中約 15 分鐘去除表面澱粉。

② 以廚紙吸乾水分。

③ 鍋子預熱油至 150 度，放入甜番薯炸大約 3 分鐘。

④ 第一次炸至微微金黃便可，隨即盛起隔油。

⑤ 把油加熱至 170 度，重新放入番薯塊炸至金黃色，盛起隔油。

⑥ 另一小鍋加入清水、黃糖和粟米糖漿煮至有點濃稠。

⑦ 放入甜薯塊拌勻，最後灑上黑芝麻。

1 小時 30 分鐘

忠武紫菜飯卷
충무김밥

韓國慶尚南道有一個地方叫「忠武」（現改名為「統營」），由於三面環海，人民多數以捕魚為生。漁民出海時會帶上紫菜飯卷充飢，但包有內餡會容易變壞，惟有用紫菜包入白米飯，再佐以辣魷魚、蘿蔔泡菜，成為忠武有名的鄉土料理。

✦ 材料

包飯用紫菜	2 片
白米飯	2 碗
魷魚（中型）	2 隻
白蘿蔔	⅓ 條
昆布（5×5 厘米）	1 片
料理酒	1 湯匙
白芝麻	適量
鹽	適量
芝麻油	適量

白蘿蔔鹽漬材料：

鹽	1 ½ 湯匙
糖	¾ 湯匙
蘋果醋	2 湯匙
飲用清水	300 毫升

辣醬：

芝麻油	1 ½ 湯匙
韓國魚露	2-3 湯匙
韓國辣椒粉	4 湯匙
蒜蓉	1 湯匙
梅子汁（或粟米糖漿）	2 湯匙
白芝麻	1 湯匙

街頭風味小食 ● 151

做法

① 魷魚去衣去軟骨，洗淨後剕花。

② 昆布用濕棉布輕抹。小鍋注入清水，放入昆布和料理酒，水滾後放入魷魚氽燙 3 分鐘。

③ 魷魚撈起待涼後切成小塊。白蘿蔔去皮洗淨，以滾刀法切成薄塊狀。

④ 白蘿蔔拌入鹽漬材料醃 30 分鐘，之後隔水瀝乾。

⑤ 辣醬材料拌勻後，分別加到白蘿蔔和魷魚中拌勻。

⑥ 白米飯加入適量白芝麻、鹽和芝麻油拌勻。

⑦ 每片紫菜分成 4 等份。

⑧ 紫菜放上白米飯捲好並切半。

⑨ 在碟上分別放上醃魷魚、蘿蔔泡菜和飯卷，用竹籤串起來吃才夠風味啊！若配以一碗鰻魚醬湯，就更地道啦！

鯷魚醬湯
멸치장국

⊛ 材料

昆布（5×5 厘米）	2 片
鯷魚乾	20 條
清水	500 毫升
湯用豉油	½ 茶匙
鹽	適量
蔥粒	適量

做法

鯷魚乾去頭去內臟，昆布用濕棉布輕抹。昆布和鯷魚乾放入
清水煮滾，10 分鐘後把昆布夾起，續煮 15 分鐘，加入湯用
豉油和鹽調味，濾出高湯，食用前灑上蔥粒。

Chapter 5

混合韓風

韓風辣周打蜆湯
매운클램차우더

做料理最有趣的是，可以胡亂的加東添西，而家裡又有一頭白老鼠替你試味。有一天，我很認真的做了一鍋周打蜆湯，還買了農夫包來佐湯吃。突然，腦筋抽了一抽，添了一小匙大醬和辣椒醬，奶白的蜆湯瞬間變成淡橙色。味道辣辣的仍能保持湯的濃郁蜆味，很不錯呢！

⭐ 材料

蜆	800 克	韓國燒酒	½ 杯
煙肉粒	50 克	淡忌廉	50 毫升
洋蔥	½ 個	牛奶	100 毫升
馬鈴薯	1 個	清水	300 毫升
甘筍	½ 條	鹽	適量
麵粉	2 湯匙	黑胡椒粉	適量
魚高湯	500 毫升	韓國大醬	1 茶匙
		韓國辣椒醬	½ 茶匙

做法

① 蜆浸泡於清水中,加入鹽,靜置 1 小時待蜆吐沙。

② 清洗乾淨蜆的外殼後放入鍋,加入清水和燒酒,開火煮滾。

③ 煮至蜆全部開口。

④ 去殼留下蜆肉,蜆湯用篩網過濾一下。

⑤ 蜆肉略略切碎。

⑥ 甘筍、洋蔥和馬鈴薯去皮洗淨,切小粒。

⑦ 鍋中放入煙肉粒炒香至油分釋出,盛起備用。

⑧ 倒入洋蔥和甘筍粒炒大約 2 分鐘,直至釋出香味。

⑨ 加入馬鈴薯粒炒勻。

⑩ 灑上麵粉後炒勻。

⑪ 倒入魚高湯和蜆湯,蓋上蓋煮至馬鈴薯和甘筍軟身,加入淡忌廉和牛奶。

⑫ 拌入大醬和辣椒醬,加入蜆肉。

⑬ 最後可灑上少許鹽和黑胡椒粉調味。

蔘雞卷
삼계롤

我叫它做「優雅版蔘雞湯」，以去骨雞腿捲起混入水蔘碎末的糯米。雖然沒有全雞在石鍋裡咕嚕咕嚕那豪邁的氣勢，但可以用筷子夾起雞卷來吃，不需吐骨很優雅呢！

材料

雞腿	2 隻
糯米	200 克
水蔘	1 條
栗子（已煮熟）	10 顆
紅棗（去核）	12 顆

湯汁材料：

雞腿骨	2 件
大蔥（切段）	2 條
蒜瓣	4 顆
水蔘	1 條
清水	900 毫升
鹽	少許
胡椒粉	少許

TIPS

• 雞腿肉用肉鎚錘一下，除了肉質變得鬆軟外，肉的厚度較平均，更容易捲入糯米。
• 如家裡沒有肉鎚，用擀麵棍或玻璃瓶亦可。

做法

1. 2 條水蔘用小刷刷去外皮的泥垢，其中 1 條切細末。

2. 雞腿去骨成雞扒（雞腿骨保留），洗淨後用廚紙吸乾水分，以肉鎚錘扁，以少許鹽、胡椒粉和料理酒略醃。

3. 糯米浸泡清水 4 小時。

4. 已浸泡的糯米隔水後拌入水蔘末，放入蒸鍋蒸 20 分鐘。

5. 雞扒上放一層糯米，然後再放上紅棗和栗子。

6. 小心捲起，用保鮮膜包緊，放入蒸鍋蒸 15 分鐘。

7. 雞卷放涼後切件。

8. 雞腿骨、大蔥段、蒜瓣和 1 條水蔘放到小鍋中，倒入清水煮滾至餘下一半分量的水後，以鹽和胡椒粉調味，淋在雞卷上。

紫蘇青醬意大利麵

깻잎페스토파스타

🍲 2人　🕐 45分鐘

起初，我不太愛紫蘇葉那股濃烈的味道，就如很多人抗拒芫茜一樣。

直至有一天吃完烤肉後剩下一堆紫蘇葉，讓它待在雪櫃不出三天會變黑，想到不如拿來試做青醬看看味道如何。果然變身為青醬後那濃烈味道被松子仁及芝士的香氣融和，拿來拌意大利麵，味道出奇地好吃。自此，這紫蘇青醬成為我家雪櫃常備的醬料，作為法包抹醬或牛排蘸醬也非常合適。

✿ 材料

意大利麵	2人份（約 150 克）

青醬材料：

紫蘇葉	30 片
蒜瓣	1 顆
松子仁	30 克
巴馬臣芝士 （Parmesan cheese）	20 克
初榨橄欖油	60 毫升
檸檬汁	1 茶匙
海鹽	適量
即磨黑胡椒	適量

做法

① 先來製作青醬。紫蘇葉先切去莖部，再切成小塊。

② 松子仁用白鑊烘香。

③ 除橄欖油外，把全部材料放入攪拌機打成醬料。

④ 攪打完成後，慢慢倒入橄欖油攪拌讓其乳化，完成後放入已消毒的密封玻璃瓶保存。

⑤ 大鍋加水煮滾，下少許鹽，根據包裝建議的烹煮時間煮意大利麵，隔水（可保留少許煮麵水備用）。

⑥ 放入 3-4 湯匙青醬拌勻（如覺得意大利麵較乾，可加 1-2 湯匙煮麵水），加入鹽和黑胡椒調味。

TIPS

- 除松子仁外，當然可以用其他堅果（例如：核桃、杏仁等），或加入 1-2 條油浸鯷魚添點鹹香，做出自家獨特風味的青醬。
- 青醬完成後放入密封瓶，再倒入厚厚一層橄欖油以避免青醬氧化變黑。

豆腐沙律配芝麻柚子醬汁
두부샐러드 (참깨유자소스)

韓式小菜大多離不開涼拌蔬菜，但新鮮清爽的沙律也是韓餐桌的常客。市面有各種口味的沙律醬，但仔細詳閱會發現添加了不少人工合成調味料和添加物。其實沙律醬只需用家中常備的柚子醬和白芝麻就能輕易完成，麻香和柚子的酸香的確很誘人呢！

材料

沙律菜	100 克
櫻桃番茄	5-6 顆
豆腐	½ 件

沙律醬汁材料：

烘香白芝麻	2 湯匙
芥末籽	1 茶匙
柚子醬	2 茶匙
韓國豉油	¾ 茶匙
黑胡椒	⅛ 茶匙
橄欖油	1 湯匙
蘋果醋	2 茶匙

做法

① 豆腐放到滾水輕燙（防止豆腐不斷出水），切丁備用。

② 烘香白芝麻用攪拌機磨碎，拌入其他醬汁材料做成沙律醬汁。

Chapter 6

傳統茶・甜點

馬格利酒雪糕
막걸리아이스크림

馬格利酒（막걸리）是韓國歷史最悠久的米酒，由大米和小麥發酵釀造而成，因為酒的顏色渾濁又被叫做「濁酒」。

曾經在韓國吃過啤酒雪條，味道帶有麥香氣很特別，忽發奇想是否可以用馬格利酒來做雪糕呢？於是把家裡喝剩的馬格利酒來作個實驗。吃一口會首先嚐到香濃的奶香，後味便是淡淡米酒的餘韻。

★ 材料

淡忌廉	400 毫升
馬格利酒	350 毫升
煉奶	150 克

TIPS

- 可以加入堅果碎或不同水果做出各種口味。
- 用於打發淡忌廉的器具要確保無油無水，否則會打發不起。
- 淡忌廉打發至出現紋路即可，否則雪糕口感會像沙冰一般，不夠結實綿滑。
- 如沒有雪糕機，需要每 45 分鐘從冰箱取出，用手提攪拌器攪鬆（重複2-3 次）。

做法

① 馬格利酒放到小鍋慢慢煮至濃稠，剩餘約 200 毫升。

② 加入煉奶拌勻。

③ 淡忌廉用電動拌打器低速打發 1 分鐘至表面看見泡沫。

④ 轉中速打發約 2 分鐘至蓬鬆並出現紋路（約 5 成打發）。

⑤ 已打發的淡忌廉拌入馬格利酒和煉奶的混合液中，放到雪櫃冷凍。

⑥ 倒入雪糕機攪拌 20 分鐘。

⑦ 攪拌至軟雪糕的狀態。

⑧ 倒入密實盒，放到冰箱冷藏至硬身。

蜜瓜牛奶刨冰
메론우유빙수

🍲 2人 🕐 30分鐘
　　　　　（不包括冷藏時間）

韓國的甜品代表，非刨冰莫屬。尤其酷熱得要命的夏天，眼前有一大杯刨冰，眼睛先吃也覺涼快。簡單的以牛奶作基底，然後拌入煉奶。如沒有刨冰機，也可用較原始的方法，只要家中有一支擀麵棒便成。

⭐ 材料

蜜瓜	1 個
牛奶	500 毫升
煉奶	3-4 湯匙

TIPS

- 如果家中有可製沙冰的攪拌機，可把牛奶放到製冰盒冷凍成一顆顆牛奶冰粒，再放到沙冰機打碎。
- 只要加上喜愛的水果，就可變身成不同口味的刨冰抗暑熱。
- 牛奶刨冰只要加上紅豆蓉和打糕（인절미，也稱米糕），就成韓國傳統刨冰。

做法

① 煉奶倒入牛奶拌勻。

② 加了煉奶的牛奶倒入密實袋。

③ 封好袋口，平放到冰箱冷藏至硬身。

④ 蜜瓜切半。

⑤ 以小匙挖去中間的蜜瓜籽。

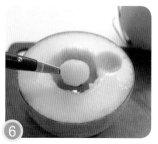

⑥ 用水果挖球勺挖出一個個小蜜瓜球。

⑦ 先把部分蜜瓜球放入蜜瓜內。

⑧ 從冰箱取出牛奶，用擀麵棒壓碎成沙冰。

⑨ 把沙冰填滿蜜瓜，鋪上蜜瓜球即成。

韓式蜂蜜燉梨
꿀배찜

蜂蜜燉梨可算是韓國傳統的天然感冒藥。蜂蜜和梨有潤肺和止咳的功效，加入薑和黑胡椒會令身體暖和起來。在初秋時分天氣轉乾燥的時候，韓國媽媽會為家中各人做一客蜂蜜燉梨，滿滿的注入對家人的關愛。

材料

豐水梨	1 個
薑	1-2 片
蜜糖	½ 湯匙
紅棗（去核）	1 顆
桂皮	1 小角
松子仁	少許
黑胡椒粒	3 顆

做法

① 豐水梨頂部橫向切開,挖出果肉和果核。

② 薑片、紅棗洗淨切絲,連同果肉、桂皮、黑胡椒粒放回豐水梨中。

③ 倒入蜜糖。

④ 豐水梨放到碗中,放入蒸鍋蒸 45 分鐘,完成後取出黑胡椒粒、薑片和桂皮,灑上松子仁,記得趁熱享用啊!

TiPS

• 若咳嗽嚴重,記得要去看醫生啊!

五味子茶

오미자차

　　五味子，顧名思義它包含辛、甘、酸、苦、鹹五種味道，其中酸味最為突出。這五味俱全、五行相生的果實對人體的心、肝、脾、肺、腎發揮平衡作用。韓國的茶屋除了柚子茶，五味子茶也是相當受歡迎的，很多韓式料理或烤肉店會奉上五味子茶給客人作餐後茶用作消滯去膩。

✿ 材料

五味子	20 克
飲用水	400 毫升
蜜糖	適量
豐水梨	¼ 個
松子仁	適量

做法

①
五味子洗淨後瀝乾水分。

②
放入飲用水浸泡 10-12 小時
成五味子茶。

③
用篩網或棉布袋過濾一下。

④
拌入適量蜜糖。

⑤
豐水梨用模蓋出花形狀。

⑥
五味子茶放上花梨片和數顆
松子仁。

TIPS

• 五味子可在中藥店購買。
• 五味子始終帶有少許藥性，不宜長期飲用五味子茶，尤其身體抱恙時要慎服呀！

水正果
수정과

除甜米露外，水正果是另一道冷熱皆宜的韓國傳統飲料。水正果即是肉桂薑茶，由兩種可以預防感冒的材料熬煮而成。聞著肉桂的香味，呷一口甜辣的薑茶，為一頓豐富的韓餐畫上完美的句號。

✧ 材料

薑	80 克
肉桂條	70 克
黑糖或黃糖	適量
清水	1800 毫升
紅棗片（裝飾）	適量
松子仁（裝飾）	適量

做法

1 薑用小匙刮走外皮，切片備用。肉桂條用小刷洗刷，用水沖洗乾淨。

2 小鍋放入薑片和清水 900 毫升，煮滾後轉小火煮 30 分鐘，隔去薑片備用。

3 肉桂條同樣放到清水 900 毫升中，煮滾後轉小火煮 30 分鐘，隔去肉桂條。

4 把薑水和肉桂水混合，煮滾後按喜愛的甜度加入適量黑糖或黃糖調味，轉小火多煮 5 分鐘。裝杯後放上紅棗片和松子仁作點綴。

TIPS

- 我個人愛加入一半黑糖一半黃糖。
- 如愛吃柿乾可裝杯後加入。
- 薑和肉桂是比較濃味的食材，分開煮可以更突出兩種材料各自的味道。

Chapter 7

雪櫃收納

　韓國這個視泡菜如命的國家，泡菜是每個家庭的
雪櫃的「定番」食物。會在家製泡菜的家庭，大多會
置一台泡菜冰箱，讓辛苦醃製的泡菜有個安頓的居所。
在香港這個寸金尺土的彈丸之地，莫說要放泡菜冰箱，
就連想放一台大一點的雪櫃也不行。

　為了照顧要吃泡菜的馬仔，必要騰出雪櫃裡固定
的空間妥善安置大盒的泡菜或小盒小盒的涼菜，意味
著雪櫃能收納其他食材的容量將會變得更小。起初我
由完全不懂，到試行整頓了好一段時間，終於找到適
合我家雪櫃的收納方法。

把既定的空間以自己的收納方式改造

我極度不喜歡雪櫃側門那個「預設雞蛋隔」，每次開關門雞蛋都搖搖晃晃的。乾脆買來雞蛋保存盒，又可以堆疊，接近保鮮期完結的雞蛋放一盒，最近購買較新鮮的放另一盒，以保鮮期的遠近次序存放便不會錯過雞蛋最新鮮美味的時候啦！

原先放雞蛋的層隔被我用來放常用的醬料，一打開門就拿到，不需左翻右翻，很便利。

雪櫃最底層原本是一個透明抽屜，用來放蔬菜水果，但我覺得收納極之不方便，最後以兩個白色有蓋塑膠盒取代。

最底層這兩個塑膠盒會放較為少用的乾貨食材，以透明密實袋裝好，以站立方式排在盒裡，比直接放入雪櫃東歪西倒來得整齊。

按照食材採用不同小盒作收納

　　我是一枚不折不扣的容器瓶罐控。家裡收納了不少各式各樣的容器瓶罐，但愛歸一使用純白或透明的款式，打開雪櫃就能清楚看見哪種食材放在哪處，不需東翻西找。

　　家裡用來放泡菜或涼拌菜的多會用上琺瑯或玻璃素材的容器，能耐酸耐鹽，不易吸附食物的味道，又容易清洗。若使用塑膠容器長期保存泡菜，怕泡菜的酸性會溶出塑化劑，吃得安心才是首要啊！

　　無印良品的琺瑯保鮮盒完全符合我家雪櫃收納涼菜或剩菜的需要。一致性的設計，還要是我最愛的純白色系，簡單沒有花巧的設計，在雪櫃或櫥櫃堆疊起來很整潔。

　　最令人讚賞的是盒蓋上的膠條及透氣閥可以個別拆下來清洗，組裝回去也方便。要知道很多密實盒的膠條是很難拆下來清洗的，久而久之會積累食物殘漬滋生細菌。

　　除無印良品的容器外，野田琺瑯也是深得我心，可以上爐火，焗爐和電磁爐也適用，（我私心認為）是廚房必備的調理道具。

　　調理盤可以在料理前放置已處理好的食材，例如：已撒上調味的雞腿扒或魚，用保鮮膜連盤包好放進雪櫃醃漬，料理前取出放回室溫便可。

　　這個附有手柄的野田琺瑯容器可當儲存盒裝入剩湯或有湯汁的食物，再放到雪櫃保存。第二天拿出放回室溫一陣子就可直接放到爐頭上翻熱食物，有時更被我用來當鍋子煮方便麵，哈哈！

在菜鳥煮婦的階段，每遇到做菜餘下的食材（半條甘筍、半個椰菜之類），只會用保鮮袋包好塞入雪櫃，很容易會被推到雪櫃深處被遺忘，最後變壞要棄掉很浪費。透明塑膠保鮮盒用來放蔥粒或料理剩下的小分量食材，置在雪櫃同一層隔，透明的保存盒一目了然，保鮮期較短的放在前方，保鮮期較長的則放在後方。

至於冷凍庫，我家的是三層抽屜模式，用扁平的塑膠盒把肉類分裝冷凍，其餘的亦是以保鮮袋站立方式收納便可。

當然，收納方式不是千篇一律，要按自己慣用的方式去整理，否則過了一會便會回復舊時那雜亂無章大包小包塞進去令人崩潰的情況。

雪櫃異味消除大法

泡菜會不會令雪櫃有異味？不少人可能會有這樣的疑問。泡菜是氣味較濃的食物，如沒有用上密實保鮮盒存放，的確很容易會令那發酵的氣味洩漏出來。加上其他食物的氣味，一打開雪櫃氣味雜陳，真叫人倒胃口啊！

咖啡渣請好好利用

如我一樣每天都要喝咖啡的煮婦，可以好好利用咖啡渣來替雪櫃除臭。只需將乾燥的咖啡渣放入小盒或玻璃瓶，再置於雪櫃便能去除異味和吸濕，環保不浪費。

柑橘類水果令雪櫃散發果香

我喜愛買來檸檬加到飲用水添上清新味道，檸檬的兩頭通常會被丟棄，這時可以把它們放到雪櫃的一角幫忙吸走異味，令空間充滿檸檬的清爽香氣。

小蘇打是天然除臭的好幫手

小蘇打即是梳打粉，烘焙偶爾會使用的材料，是天然無毒的清潔劑，除了可以用來清除鍋子上那頑固的焦垢，亦是除臭的好幫手。我家這個小蘇打可以直接貼在雪櫃壁，大家也可以把小蘇打放入茶包袋用小布丁杯盛著，就不怕取東西時不小心打翻啦！

最後一提的是，必須定期清洗雪櫃及整理剩下的食物，這是保持雪櫃清爽無異味的不二法則！

K-FOOD 2
51 道經典・回味・創新的韓式料理

文・攝 / Mrs. Horse
總編輯 / 葉海旋
編輯 / 李小媚
書籍設計 / 三原色創作室

出版 / 花千樹出版有限公司
　　地址：九龍深水埗元州街 290-296 號 1104 室
　　電郵：info@arcadiapress.com.hk
　　網址：www.arcadiapress.com.hk

台灣發行 / 遠景出版事業有限公司
　　電話：（886）2-22545560

印刷 / 美雅印刷製本有限公司
初版 / 2018 年 7 月
ISBN / 978-988-8484-18-8